奇妙的化学元素
（全彩图鉴）
（修订版）

（日）左卷健男 （日）田中陵二 著　吴宣劭 译

世界工业出版社
·北京·

目录

前言 4
元素周期表 8
元素的基础知识 10

元素周期 1

1 氢（H） 14
2 氦（He） 18

元素周期 2

3 锂（Li） 20
4 铍（Be） 22
5 硼（B） 24
6 碳（C） 26
7 氮（N） 30
8 氧（O） 32
9 氟（F） 34
10 氖（Ne） 36

元素周期 3

11 钠（Na） 38
12 镁（Mg） 40
13 铝（Ai） 42
14 硅（Si） 44
15 磷（P） 48
16 硫（S） 50
17 氯（Cl） 52
18 氩（Ar） 54

元素周期 4

19 钾（K） 56
20 钙（Ca） 58
21 钪（Sc） 60
22 钛（Ti） 61
23 钒（V） 64
24 铬（Cr） 66

25 锰（Mn） 68
26 铁（Fe） 70
27 钴（Co） 72
28 镍（Ni） 74
29 铜（Cu） 76
30 锌（Zn） 78
31 镓（Ga） 80
32 锗（Ge） 81
33 砷（As） 82
34 硒（Se） 83
35 溴（Br） 84
36 氪（Kr） 85

元素周期 5

37 铷（Rb） 86
38 锶（Sr） 87
39 钇（Y） 88
40 锆（Zr） 89
41 铌（Nb） 90
42 钼（Mo） 91
43 锝（Tc） 92
44 钌（Ru） 93
45 铑（Rh） 94
46 钯（Pd） 95
47 银（Ag） 96
48 镉（Cd） 98
49 铟（In） 99
50 锡（Sn） 100
51 锑（Sb） 102
52 碲（Te） 103
53 碘（I） 104
54 氙（Xe） 106

元素周期 6

55 铯（Cs） 108
56 钡（Ba） 110
57 镧（La） 111

58 铈（Ce）	112
59 镨（Pr）	113
60 钕（Nd）	114
61 钷（Pm）	115
62 钐（Sm）	116
63 铕（Eu）	117
64 钆（Gd）	118
65 铽（Tb）	119
66 镝（Dy）	120
67 钬（Ho）	121
68 铒（Er）	122
69 铥（Tm）	122
70 镱（Yb）	123
71 镥（Lu）	123
72 铪（Hf）	124
73 钽（Ta）	125
74 钨（W）	126
75 铼（Re）	127
76 锇（Os）	128
77 铱（Ir）	129
78 铂（Pt）	130
79 金（Au）	132
80 汞（Hg）	134
81 铊（Tl）	136
82 铅（Pb）	138
83 铋（Bi）	139
84 钋（Po）	140
85 砹（At）	141
86 氡（Rn）	142

94 钚（Pu）	151
95 镅（Am）	152
96 锔（Cm）	153
97 锫（Bk）	153
98 锎（Cf）	153
99 锿（Es）	153
100 镄（Fm）	153
101 钔（Md）	154
102 锘（No）	154
103 铹（Lr）	154
104 𬬻（Rf）	154
105 𬭊（Db）	154
106 𬭳（Sg）	155
107 𬭛（Bh）	155
108 𬭶（Hs）	155
109 鿏（Mt）	155
110 𫟼（Ds）	155
111 𬬭（Rg）	155
112 鎶（Cn）	156
113 鿭（Nh）	156
114 𫓧（Fl）	156
115 镆（Mc）	156
116 𫟷（Lv）	156
117 鿬（Ts）	156
118 𫜪（Og）	156

元素周期 7

87 钫（Fr）	143
88 镭（Ra）	144
89 锕（Ac）	145
90 钍（Th）	146
91 镤（Pa）	147
92 铀（U）	148
93 镎（Np）	150

| 专栏 | 157 |
| 结束语 | 158 |

铬
Cr

镍
Ni

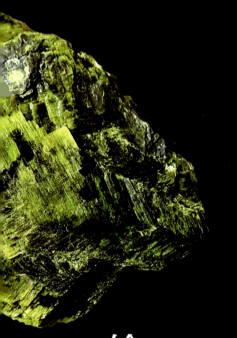

镎
Np

铂
Pt

前言

欢迎来到神奇的元素世界。
人类的身体,
世界上的动植物,
空气、大海、地球。
还有宇宙里的所有物质……

人类自古以来就在反复追寻的一个问题:
世界到底是由什么物质构成的?

元素指的就是"万物的根源,在此基础上已经无法分割的最小要素。"也就是所有要素的根源。

铯
Cs

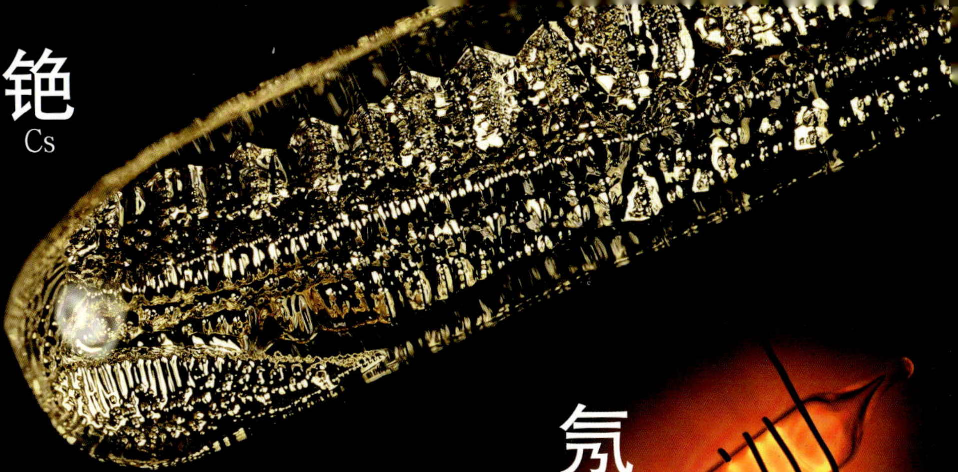

氖
Ne

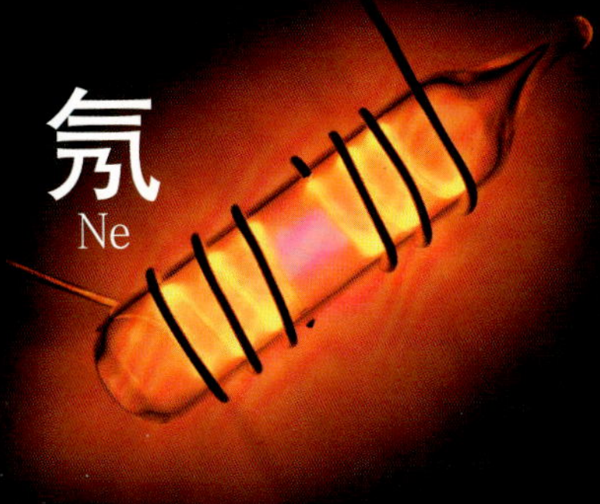

经过长久的探寻，我们现在已经找到了一百多种元素，并且将它们整理成了非常规律的元素周期表。本书中对这些元素进行了重点介绍，同时为大家配上精美的元素照片，让您仿佛置身于科学的美术馆中，遨游在元素的神奇世界里。

修订说明

2012年，本书首版在日本出版。十年间，国际纯粹与应用化学联合会（IUPAC）宣布了新元素的存在，并确定命名，添加到元素周期中，对元素的相对原子质量也在持续修订中。

本次图书的修订，参照国际纯粹与应用化学联合会（IUPAC）发布中国化学会（CCS）译制的元素周期表（2019年1月23日）进行修改，完善了全部118种元素的相关介绍。元素的相对原子质量也逐一对照进行了修正。

2022年1月

铜
Cu

钌
Ru

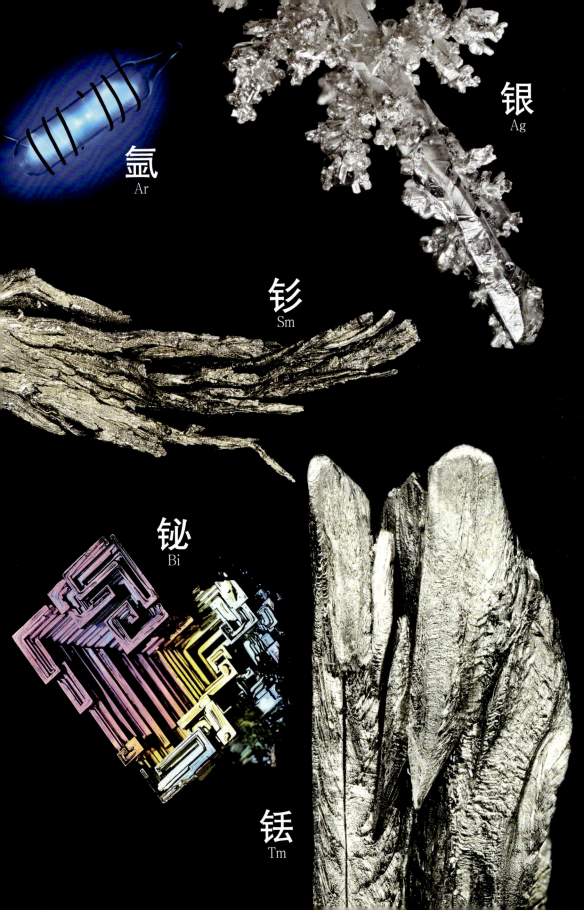

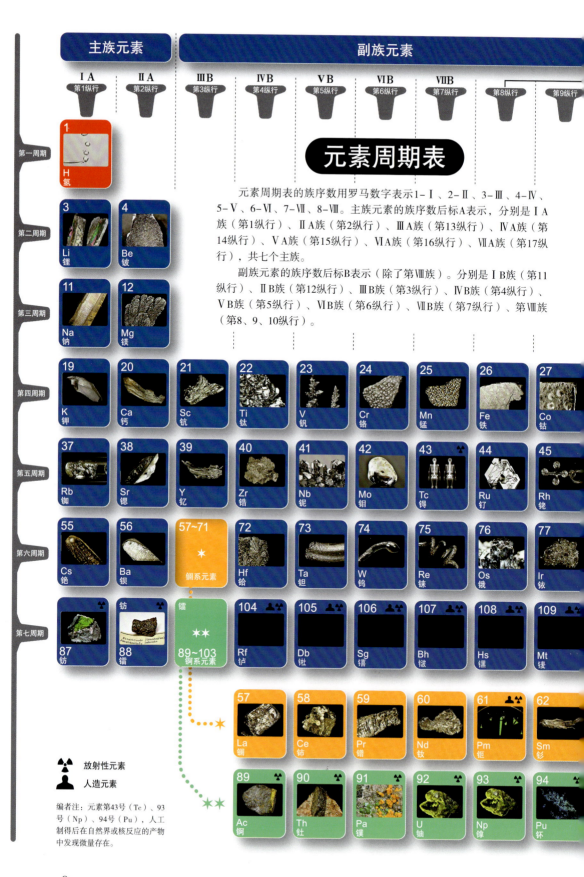

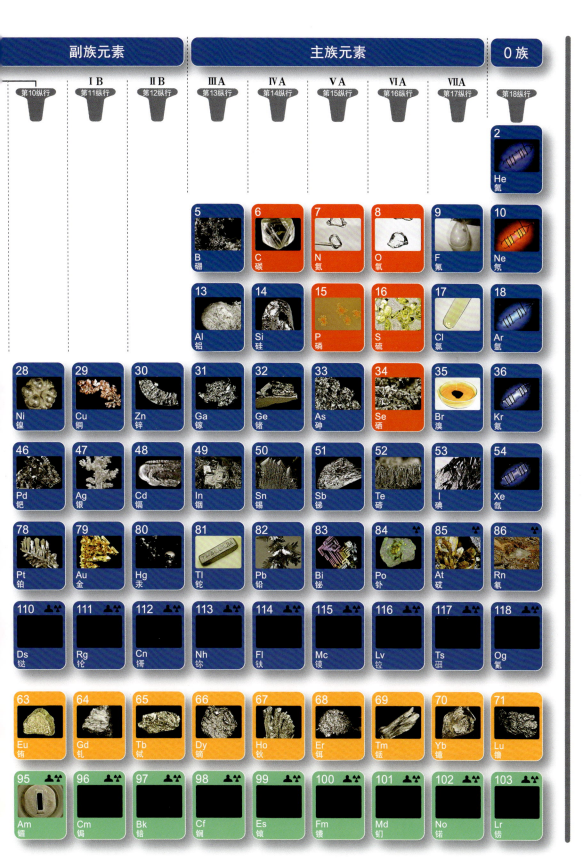

元素的基础知识①
什么是元素？

元素就是具有相同化学性质的原子的种类。

元素到底是什么呢？

许多人说：使用普通的化学手段无法再进行细分的物质就是元素。例如，"水"通过电解可以分解成"氧"和"氢"。也就是说，这里的"氧"和"氢"都是不能再进行细分的物质了。可是，质子数相同而中子数不同的"氢"（例如光氢的中子数为零）与氘（中子数为一），通过电解这种普通的化学手段反复地进行操作，也是可以将其区分开来的。如果按照上面的说法，那么氢（也称作是"氕"）和氘就应该是两种不同的元素了。随着现代科技和实验技术的进步，同样的元素在一些实验条件下，可能会产生出一些变形。

让我们脱离实验来定义元素，从其具有原子的这个特性来看，"元素"就是通过原子核中的质子数量来区分的原子的种类。那么，上面所说的"氢"和"氘"，其质子数都是相同的，因此可以属于同一种元素。1947年，莱纳斯·卡尔·鲍林在其所著的《普通化学》（general chemistry）中提出了这个概念，这一概念也迅速地被化学家所采用。

属于第一周期中的元素，实际上原子核都不太一样。哪怕是质子数是相同的，其中子数却不太相同，这就是"同位素"。"氢"与"氘"就是同位素。为了区别这些同位素，我们要将其中子数和质子数加起来，由此得到的数据来进一步区分它们。例如：铀234、铀235、铀238等。

这里提出的几个概念可能大家还不够熟悉，例如"质子与中子""原子核"等。为了知晓元素的秘密，我们先来看一下"什么是原子"吧！

氢的同位素

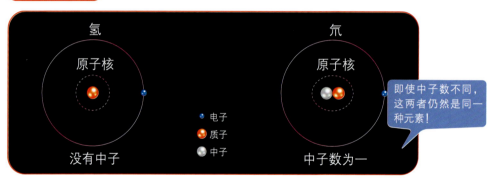

元素的基础知识②
什么是原子？

> 原子就是构成所有物质的基本粒子。

  原子就是构成所有物质的基本的小粒子。原子很小，一亿个原子紧靠在一起并排开来也只有几厘米长。原子的中心有原子核，其周围还存在电子。电子是带有负电荷的，而原子核中的质子则是带有正电荷的。一个质子所带的正电荷与一个电子所带的负电荷刚好"正负得零"中和掉，一个原子中的电子和质子的数量是相同的，因此一个原子整体是中性的。

原子的结构

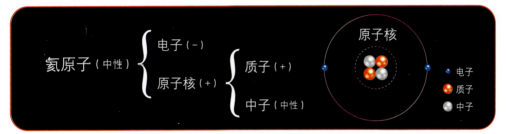

  化学性质相同的原子的种类就称之为"元素"，原子的化学性质是由"质子与电子的数量"来决定的。也就是说，同样的元素，哪怕其中子的数量不同，其质子与电子的数量也一定是相同的。因此，我们可以通过质子的数量来为原子编号，通过这个编号来区分不同的元素。原子编号越大的元素，其质子与中子的数量就越多，自然，其质量（原子量）就越大。

原子编号与质子的数量相同

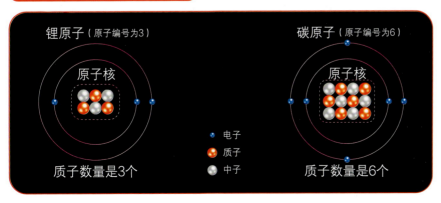

元素的基础知识③
什么是元素周期表？

元素周期表就是化学物质的世界地图

元素周期表中的元素都是按照其原子序号来排序的。通过其在元素周期表的不同位置就可以判断出其化学性质等，可以说是化学物质的"地图"。

元素周期表纵向的一列称之为"族"，从左到右依次为ⅠA族、ⅡA族、ⅢB族、ⅣB族、ⅤB族、ⅥB族、ⅦB族、Ⅷ族、ⅠB族、ⅡB族、ⅢA族、ⅣA族、ⅤA族、ⅥA族、ⅦA族、0族。元素周期表有18纵行，却只有16个族是因为第8、9、10纵行共同组成Ⅷ族。元素周期表横向的一行则称之为"周期"，从上到下有第1周期、第2周期……第7周期。

元素周期表和元素的性质

现在已经得知的元素有一百多种，其中80%的元素是金属元素，剩下的部分就是非金属元素。而处于分界线部分的（第13~17纵行）元素，具体说是硼、硅、锗、砷、碲等，它们既有金属的性质，又有非金属的性质，因此又称作是准金属元素。

金属元素与非金属元素

由金属元素构成的物质我们称之为"金属"。金属有三大特征：（1）具有金属的光泽（一般都是银白色），（2）具有导热和导电的能力（是电和热的优良导体），（3）可以拉长到很长（延伸性），或者压到很薄（延展性）等。

人类自古以来就在使用金属，而很多时候又在想办法从矿石中提炼出金属。金、银、铜、铁这是自古以来就经常使用的金属了，然后还包括铅、锡、锌，以及现在使用较多的铝等。金属的性质不同，导致了其"提炼的难度"的不同。

金属元素的范围内，使用两种及两种以上的元素，然后添加碳或者硅等加热，可以加工成合金，也是金属的特性之一。通过调配各个元素之间的比例，我们可以搭配出超越单个元素性能的新型材料。

在元素中，除了金属元素那就是非金属元素了。这些元素可以单独结合，也可以与金属元素相结合，从而创造出不同的化合物。

非金属元素的单质一般都是由分子构成的，在常温（25℃左右）下，氢、氮、氧、氟、氯等都是气态的，而溴则是液态的，而碘、磷、硫等则是固态的。碳和硅的单质往往都是由巨大的分子结晶构成，具有很高的熔点。稀有气体的单质在常温下是以气态存在的，并且都是单原子分子。而金属元素的单质除了水银在常温下是液态以外，其他的在常温下都是以固态形式存在的。

主族元素和副族元素

元素周期表左右两侧的第1纵行、第2纵行、第13纵行~17纵行的元素都是主族元素。主族序数相同的主族元素，其化学性质非常相像。

同族的主族元素，元素周期表从上到下，其失去电子的能力增强，更容易变成阳离子。同一周期的主族元素，除了稀有气体以外，元素周期表从左往右，其获得电子的能力增强，更容易成为阴离子。

第3纵行到第12纵行的元素，属于从元素周期表的左方过渡到元素周期表的右方，所以又称之为过渡元素，也就是副族元素。过渡元素全部都是金属，最外层的电子数是一个或者两个。元素周期表的纵向上的同族元素的性质类似，横向上的元素的性质也有许多类似的地方。

主族元素中有金属元素和非金属元素，而副族元素则全部是金属元素。

第ⅠA族元素（即第1纵行，除了氢以外）
碱金属元素
这一类元素比较活泼，其变化较多，属于轻金属。与水反应会产生出氢，之后变成带+1电荷的阳离子。

第ⅡA族元素（即第2纵行，除了铍、镁以外）
碱土金属元素
这些是活泼的元素，其变化也较多，仅次于碱金属。化学反应之后成为带+2电荷的阳离子。

副族元素（即第3~12纵行）
这个区间内都是金属，在纵向和横向上的性质都有许多相似的地方。

第ⅦA族元素（即第17纵行）
卤素
这个区间的元素属于阴性元素，其变化也较多。化学反应之后成为带-1电荷的阴离子。

0族元素（即第18纵行）
稀有气体元素
这个区间内的元素的熔点和沸点都非常低，在常温下是气态的。化学性质比较稳定，很难结合成化合物，也称之为惰性气体。

※第ⅢB族（即第12纵行）也称之为锌族元素，第ⅢA族（即第13纵行）也称之为硼族元素，第ⅣA族（即第14纵行）也称之为碳族元素，第ⅤA族（即第15纵行）也称之为氮族元素，而第ⅥA族（即第16纵行）也称之为氧族元素。

什么是熔点和沸点？

物质在温度不同的环境中可能会呈现固体、液体和气体三种状态。例如，水在固体形态下是冰，在液体形态下是水，而在气体形态下是水蒸气。在知道了物质的熔点和沸点之后，就可以判断出在特定温度下其状态了。熔点（凝固点）是物质在固体和液体状态下变化的临界温度。超过了物质的沸点之后，就只能以气体的状态存在了。

水银（汞）的熔点和沸点

熔点 -38.8℃　　沸点 356.6℃

固体 ↔ 液体 ↔ 气体

Hydrogen

H

1

Hydrogen

氢

氢气在常温下是无色无味透明的气体，比空气的密度要小。照片中展示的是在水中的氢气气泡，氢气除了在水中难溶，也几乎不会溶解于其他物质。

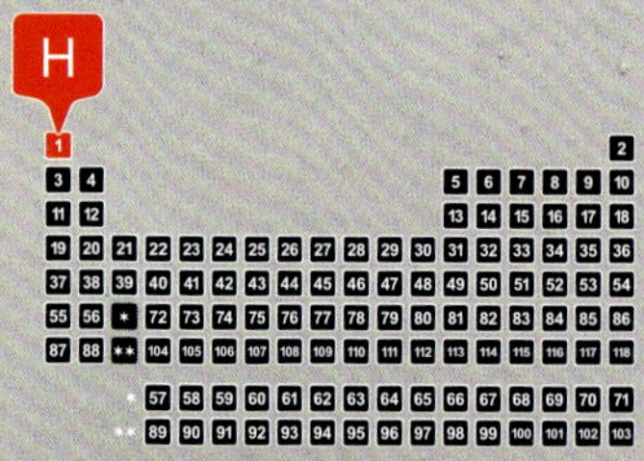

氢	H
原子量	1.008
熔点	−259.1℃
沸点	−252.9℃

其英语名称Hydrogen来源于希腊语的hydro（水）与gennao（产生），意思就是"产生出水"。

元素是从宇宙大爆炸之后产生的

宇宙大爆炸理论认为,在大约150亿年以前,宇宙中的所有一切都源自同一个地方。随着"宇宙大爆炸"的发生,这些聚集在同一个地方的所有物质开始分散开来,像粉末一般飞向各个方向。在宇宙诞生的这一千分之一秒的时间内,宇宙迅速膨胀而又冷却下来,夸克在爆炸的作用下产生出了质子和中子。质子就是氢的原子核。宇宙诞生之后首先产生的就是氢原子核,之后分散在各处的质子和中子开始组合起来,产生了例如氘、氦、锂等各种原子核,这就是元素产生的过程。

宇宙大爆炸中首先产生的、宇宙中数量最多的元素

宇宙中的元素大多是氢,接下来是氦(质量比大概是8%,详细参见第18页),其他的元素所占的比例很小。

另外,现在世界上的原子序号很大的元素,其实是在恒星中被创造出来的。夜晚中闪耀的星光,是氢向氦转换的过程中发生的核聚变反应放射出的光辉。在氦的数量到达了一定的级别之后,就会开始发生氦的核聚变反应。比太阳的质量更大的恒星,其中的氧、碳、氮等都在发生核聚变反应。

恒星所创造的元素,最大的原子序号是26,也就是铁。铁的原子核非常稳定,所以在恒星中很难自然形成比这个质量更大的元素。比铁的原子序号更大的元素是在超新星爆炸的时候形成的。

宇宙是处于高真空状态的,氢作为单独的原子漂浮在宇宙中。宇宙的开始,也就是宇宙大爆炸的时候首先产生出来的是质子(也就是氢的原子核),经过了70万年的冷却之后,质子与电子结合在一起,产生了氢原子。在类似地球的星球上,由于较高的压力,氢原子又结合成了氢分子,以分子的形式存在。

水是由氢、氧两种元素组成的无机物。冰(水)的分子量只有18,虽然很小,但是其特性却非常明显。其熔点和沸点都非常低。水在0℃的时候就会凝固成为冰。在大气中,水蒸气在结晶之后形成的物质我们一般称之为"雪"。雪花的具体形态与其形成时候的环境有着密切的关系。

太阳能的基础

太阳每时每刻都在释放出巨大的太阳能,而这一切都是由两个氢原子融合在一起变成一个氦原子的过程,也就是核聚变的过程产生出来的能量。一个氦原子的质量比两个氢原子的质量要略微轻0.7%,这部分损失的质量就变成了能量,从而构成了太阳能。

气体中最轻的物质

氢气是最轻的气体。其密度(质量与单位体积的比例)大概是0.09g/L,如果把空气的密度当做1的话,那氢气只有0.07。接下来密度最小的是氦气,而氦气的密度已经是氢气的两倍了。

由于氢气的这个特性，所以人们曾经广泛将其用于宇宙飞船上的燃料。不过，其不稳定的特性造成了许多的爆炸和燃烧的事件，因此现在一般使用的是氦气。

"兴登堡"号飞艇爆炸事件

1937年5月6日，一艘德国的飞艇在美国的新泽西州的莱克赫斯特海军航空总站上空准备降落的时候发生了爆炸，仅34秒的时间就被烧毁了。这是历史上非常有名的一起使用氢气作为燃料的爆炸事件。当时包括乘务员在内的35名乘客和地面上的1名地勤人员死于这场事故。根据当时现场的录像观察，兴登堡号飞艇并不是从中间爆炸直接烧毁的，最开始火焰是从外面开始燃烧的，最终在很短的时间内吞噬了整个飞艇。

1997年，美国国家航空航天局（NASA）的工作人员发表了调查报告，声称事故的发生是由于飞艇外体直接涂抹的是可燃的物质，因此才引发了这次烧毁坠落事件。为了保护"兴登堡"号飞艇不被阳光和大气所损伤，当时的技术人员在其外表涂抹了氧化铁、铝粉等可燃物质。在静电的作用下产生了火花，最终引起了飞艇表面的激烈的化学反应，瞬间就将飞艇烧为了灰烬。

水就是氢的氧化物，对于地球上的生物来说是最重要的氧化物。地上的水资源是循环的，通过各种途径为我们的生活环境提供着养分。不管是动植物的呼吸还是光合作用，水都在维持生命周期的过程中起着至关重要的作用，而与水相关的化学反应也在这个过程中紧锣密鼓地进行着。

氢气燃烧之后就变为水

氢气燃烧之后就会变为水。在化学课的实验中，大家还记得这个实验吗？将锌加入稀释的盐酸中，然后就得到了氢气。

此外，我们在用试管搜集氢气的时候，是不是要将试管口朝下呢？搜集了氢气的试管口点燃了之后，是不是听到了"嘭嘭"的小小的爆炸声呢？在试管口的周围，是不是看到了没有颜色的火焰呢？化学实验中，有的人忽略了应该在试管口点燃，而跑去产生氢气的容器口点燃，从而引发了容器爆炸事故等，这样的化学事故时有发生。如果空气中氢气的含量达到了4%～75%的话，那就会发生不同程度的爆炸事件。

氢气燃烧之后就会变为水。哪怕是发生爆炸的时候其实也产生了水。最简单的化学方程式就是：$2H_2$（氢气）$+ O_2$（氧气）$= 2H_2O$（水）。这个化学反应的过程中会产生非常巨大的能量，有的时候使用氢氧焰（火焰的温度往往在2500℃左右，有的时候可以达到3000℃）来作为焊接和切割金属的常用火焰，有的时候也作为火箭的液体燃料。

氢气可以说是未来的燃料电池所必备的能源。现在已经有一些车型是采用氢气作为燃料了，从消声器中直接排除水分或者水蒸气。

地球上的氢主要是与氧结合，以"水"的形态存在。

氘：地球上的氢中大约有0.015%的比例是以氘的形式存在的。氘，有的时候也称作是重氢。与普通的氢原子不同，其原子核是由一个质子与一个中子构成的。与通常的氢原子进行区分，质量相对更重的这种原子称为"氘"。其密度比氢更大，而沸点也要高1℃左右。氘是无色透明的，其味道与氢也没有什么差别。在生物体内存在的氘其作用方式与氢不同，对人体是有害的。

天体：宇宙中的恒星、星云、星际物质中都存在着许多的氢，它们以原子或者氢离子的状态存在着。新的恒星也是由氢构成的。太阳放出的大量能量，就是在氢发生核聚变反应，向氦转化的过程中产生的。因此太阳才会发出耀眼的光芒。照片中为大家展示的是银河系的中心部分（银河）的美景。

沸石：所谓的沸石（zeolite）指的是结成了晶体状的，含钙、钠等元素的矿物质。其中还含有大量的水分子和阳离子，但具体含有的分子和阳离子可能会各不相同。照片中为大家展示的是在日本东京都的父岛地区发现的灰辉沸石。

He

2
Helium
氦

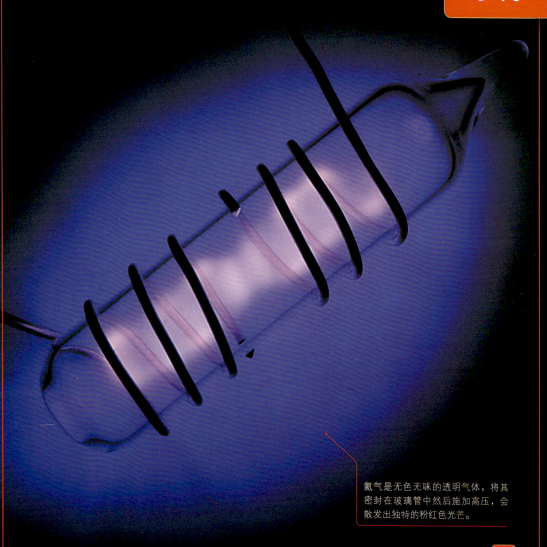

氦气是无色无味的透明气体,将其密封在玻璃管中然后施加高压,会散发出独特的粉红色光芒。

氦	He
原子量	4.0026
熔点	−272.2℃(26个大气压状下)
沸点	−268.9℃

Helium来源于希腊语的helios(太阳)。

独居石（monazite）。氦气与其他稀有气体不同，它在大气中几乎是不存在的。在美国的部分天然气井中会发现高浓度的氦气，但是一般来说都是将其分离出来使用的。这一般是地球中的放射性元素在解体了之后产生出来的。此外，如果将独居石等一类的放射性矿物质加热之后也可以得到挥发出来的氦气。

稀有气体元素的前锋

氦气是无色无味的气体，也是稀有气体，而稀有气体整体是元素周期表的第18纵行（即0族）。稀有气体的化学性质很稳定，基本不会出现化合物的情况。特别是处在前面的氦气和氖气，它们是完全没有化合物的。

宇宙中最多的是氢元素，处于第二位的就是氦元素了。不过，氦在地球上的量却非常少。主要原因是其密度很小，仅次于氢，所以在地球的重力下是无法被束缚住的，最后全部都跑到宇宙中去了。

氦气的沸点大约是零下269℃。所以液态的氦需要在接近绝对零度（零下273℃）左右才会存在。液态氦主要是用于磁悬浮列车的超导体盘、研究室中使用的冷却剂等。

氦气的密度比空气要轻（在气体中，其密度仅仅比氢气大），但是由于其与氧气不会发生爆炸或者燃烧，所以在飞船或者飞行器中常常使用。氦气的密度是0.18g/l，如果空气的密度是1的话，那氦气的密度就是0.14。

发现稀有气体

下面来看看稀有气体的发现过程吧。属于0族（第18纵行）的稀有气体包括六种：氦气、氖气、氩气、氪气、氙气和氡气。

之所以称呼它们为稀有气体，就是因为其存在数量的稀少（指在大气层或者地壳中的存在量）。实际上，氦气在太阳系附近的宇宙空间内非常多，而氩气虽然只占空气的大约1%左右，但实际上却比二氧化碳的比例还要高。

稀有气体元素之间，或者稀有气体元素与别的元素之间都基本不会发生化学作用。所以说，稀有气体元素是不活泼的，又称作惰性气体。

1892年，英国瑞利勋爵将空气中的氧气除去，然后计算了一升氮气的质量。再将氮化合物中的氮气提炼出来，再计算了一升氮气的质量。最后发现两次测试的出来的数据有细微的差别。之后，威廉·拉姆齐在获得了瑞利勋爵的同意之后，再次尝试将空气中的氧气除去来得到氮气，这次，他尝试的的方法是将氮气先转变为氮化镁。结果，在经过无数次的尝试之后发现，有一部分气体无论如何也无法与镁发生反应。而这种没有办法与镁进行化学反应的气体就是氩气。之后，威廉·拉姆齐继续做实验，最终得到了另外三种稀有气体：氖气、氪气和氙气。最后，科学家们之前就推测在太阳光谱中存在的氦气也从铀矿石中分离了出来。

1904年，威廉·拉姆齐获得了诺贝尔化学奖，获奖理由是：发现了空气中的稀有气体元素，并推导出了其在元素周期表中的位置。

液态氦。将氦气进行反复的断热膨胀之后就可以发生液化，最终成为液态氦。液态氦主要是作为超低温的媒介来使用，例如可以用来冷却超导体磁石盘等。相比于液态氮来说，液态氦的造价还是较高。照片中展示的就是将液态氦填充到核磁共振装置中的情况。

Li

3
Lithium
锂

锂与其他的碱金属相比，质地比较坚硬，密度很小，在煤油中会浮出来。其新鲜的断面会在空气中氧化，然后由于被氧化的化合物会在几秒钟内从红色变为灰黑色，最后变成白色的氧化锂的粉末。将这种粉末倾倒在水中会发生非常剧烈的化学反应。

锂	Li
原子量	6.94
熔点	180.5℃
沸点	1347.0℃

Lithium这个单词来源于希腊语的lithos（石头）。

最轻的金属

在元素周期表的最左端的元素包括：氢元素、锂元素、钠元素、钾元素等等。这些都是纵向排列的。除了氢元素以外，这一列中的元素都是碱金属元素。

碱金属元素的密度都较小，而且一般都是比较柔软的银白色金属（铯Cs略带金色）。碱金属元素的第一个就是锂。锂是所有金属元素中密度最小的，将其投入到水中会浮起来。其密度大概是 $0.53g/cm^3$，如果是同体积的水，其重量差不多是锂的两倍。

锂投入到水中不会简单地只是漂浮起来。碱金属一般都会与水发生化学反应。在这个化学反应中，它们会产生出氢气，然后自身变为氢氧化合物。锂在碱金属元素中与水发生反应的剧烈程度是最低的，在产生氢气的同时会转变为氢氧化锂溶解到水中。

我们的生活中也经常会使用到锂，比如体积小却高性能的锂离子电池。锂离子电池作为便携式信息联络器、例如手机的充电电池（电量放完之后可以再次充电）来使用。缺点就是造价较高，不过，由于其体积小，所以可以将其应用到体积小却高性能的机器中去。锂电池和锂离子电池是不同的。两者不能混为一谈，简单区别在于锂电池不能充电，是一次性电池，而锂离子电池可充电。

烟火与焰色反应

在没有颜色的火焰中投入锂或者氯化锂，可以看到非常美丽的红色火焰。

焰色反应一般是在碱金属或者碱土金属（第2族的钙元素以下的元素），还有铜的单质以及化合物中比较常见。烟火大会上绚烂夺目的烟火，就是利用这些金属的焰色反应。所谓的焰色反应，其实就是指将碱金属或者碱土金属、铜等金属的化合物投入到无色的火焰中，它们会发生剧烈的化学反应，产生出各种颜色的火焰的现象。

下面我们来看看具体的烟火与焰色反应。

烟火一般是将黑色火药与金属粉末混合在一起，然后再使用松脂等固定，最后用纸包起来。在点燃了之后会燃烧和爆炸，融合了声音、焰火、烟雾等各种效果。

氧化锂电气石。现在，锂还是主要在一些盐湖中挖取，此外，在一些花岗岩地带中也容易发现锂矿石。氧化锂电气石是富含锂的电气石，呈现出黄色、绿色、红色等美丽的色彩。不仅从中可以提炼出锂，还可以直接作为装饰品使用。

日本的烟火将最外面包装了纸之后的状态称之为"烟火球"，而其中的火药部分则称之为"烟火星"，整体则是烟火。在释放烟火的时候，点燃导火线让烟火上升到高空中绽放。导火索在燃烧之后，会将火焰传导到烟火球的部分，这时烟火球会破裂，飞溅出许多的烟火星。通过破裂的方式与飞溅出烟火星的不同，就制造出了不同的烟火姿态。

在烟火星飞溅而出的时候，里面主要添加了锶、钠等金属的化合物，通过焰色反应来展现色彩。此外，还通过铝、镁等金属的金属粉末来增加强光，从而凸显出这些色彩。

一般在烟火中经常使用的金属与焰色反应包括：锂（紫红色）、钠（黄色）、钾（紫色，透过蓝色钴玻璃）、铯（蓝紫色）、钙（砖红色）、锶（洋红色）、钡（黄绿色）、铜（蓝绿色）、硼（黄绿色）等。

Beryllium

Be

4

Beryllium

铍

铍	Be
原子量	9.0122
熔点	1287.0℃
沸点	2472.0℃

Beryllium这个单词来源于希腊语的beryllos（beryl，绿柱石）。

铍是质量很轻的银色金属，在空气中表面会被氧化，从而保证内层不被水和氧气进一步氧化。其大部分的化合物都是有毒的，一般只有在特殊场合才会使用。

氧化铍。氧化铍（铍）是透明度极高的六角形的结晶。以前曾有科学家主张将其用于半导体，但由于其含有毒性，所以最终并没有采用。照片中为大家展示的是在硅谷中合成的铍的结晶单质。

可以通过X射线的金属

铍是白色的金属。其表面一般会覆盖一层氧化膜（钝化），通过这层氧化膜的保护，让其内部不会发生化学反应，从而比较稳定。其单质与化合物都有一定的甜味，可是却含有剧毒，哪怕是很少的量也可能置人于死地。

铍主要是作为合金的硬化剂来使用的。比如说具有代表性的铍的青铜制品。但是，由于其本身的剧毒性，所以现在的科学技术正在逐步采用其他元素来进行替代。

铍的原子序号较小（也就是说，其原子中的电子数量较少），密度也很小（大概是1.85g/cm³）。而一直被作为轻金属来使用的铝的密度都已经是2.7g/cm³了。X射线可以直接穿透铍，因为这个特性，铍常常用作是X射线的透射窗（将X射线透射的窗户）。

元素名称的来源是"绿柱石"

铍这个名称其实是来自于希腊语的"绿柱石"（beryl）。绿柱石是非常美丽的宝石。其中最有名的又要数绿宝石和海蓝宝石。这两种宝石都是锂、铝、硅和氧的化合物。

绿柱石这种矿石的名称其实是来自于其颜色和形状（绿色的，六面的柱状石头）。虽然名字中有"绿"字，但并不代表所有的绿柱石都是绿色的。具体的色彩可能会因为其中含有的不同的微量元素而不同。例如，绿宝石中就含有铬和钒，而海蓝宝石中则主要是含铁。

铍的透明度很高，含有铍的海蓝宝石，一般认为其象征着一颗纯洁的心。而海蓝宝石的英语名称则是来自于拉丁语的

X射线透射窗。金属铍对于X射线的透射能力非常强，而且其机械强度较高，稳定性也较强，所以一般用于X射线透射窗的材质中。

人工合成的绿宝石。绿宝石中主要是铍和铝的硅酸盐化合物，含有铬离子的宝石又称为绿宝石。含有二价铁离子的呈现出淡蓝色的宝石则是海蓝宝石。

Aqua（水），以及表示"海"的意思的Marinus。正如这个名称表达的意思一样，海蓝宝石淡淡的蓝色与极高的透明度让人不禁联想到那美丽无比的大海与清透的海水。由于海蓝宝石的透明度很高，所以哪怕是在夜晚也会在微弱的光线下放射出美丽的光辉。许多贵妇人在参加晚宴的时候都很喜欢选择海蓝宝石，因此海蓝宝石又被称作是"宝石里的夜色女王"。

Boron

B

5
Boron
硼

硼	B
原子量	10.81
熔点	2077.0℃
沸点	3870.0℃

Boron这个名字来源于阿拉伯语的 buraq（白色），因为天然的硼沙石是白色的。

硼元素的单质具有非常高的硬度和熔点，是属于非金属，其性质与陶瓷接近。照片中为大家展示的是高纯度的硼晶体，从中可以看到一些颗粒状的或者针状的结晶。硼的结构非常多。在自然界中是不存在硼单质的。

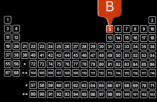

耐热玻璃中含有硼

硼是带有黑色金属光泽的半导体材料。与铜和银相比，硼的导电能力更弱，大概是铜和银的1/10~1/12。金属在温度上升了之后其导电能力会减弱。而硼却不是这样，其温度上升了之后导电能力反而会增强。其硬度仅次于钻石。

硼砂（一种非常重要的含硼的矿物和化合物）在与硫酸发生反应之后就可以得到硼酸，硼酸的水溶液具有一定的杀菌作用，以前曾作为食品的防腐剂或者药品来使用，主要是用于制作漱口水和眼药水等。但是由于其可能会引发中毒现象（发疹、急性肠胃炎、血压下降、肌肉痉挛、休克等），所以现在已经不再继续使用了。不过，在驱赶蟑螂的硼酸药剂中还有使用，也曾经发生过宠物不小心食用了之后中毒死亡的案例。

目前，硼主要是用于制作核反应堆遮光剂等。

硬质玻璃。在将硼酸、二氧化硅和碱在高温中熔化了之后就可以得到硬度很高且透明的耐热性玻璃，这也称之为硬质玻璃。硬质玻璃的软化温度较高，化学性质很稳定，可以用在厨具、餐盘、实验器具中。

玻璃耐热性较弱的原因

如果强烈地撞击玻璃可能会引发其破碎，而迅速的温度变化也会引发其破碎。例如，将玻璃冷冻或者冷藏了之后突然在上面浇注开水，这时的玻璃基本都会破碎。

玻璃的耐热性较弱，主要有两个原因。一是因为其热传导能力很弱（传热的能力非常弱），二是因为温度引起的体积差。

假设我们手边有一块玻璃板，对其一侧加热，那么受热的这面就会出现延展性。但是由于其热传导能力很差，所以热量无法传达到另一侧，在极端的情况下，加热一侧之后另一侧不会发生任何变化。因此，两侧体积变化的不一致就会导致玻璃的弯曲变形，最后发生破裂。

如果能够增大玻璃的热传导能力，那么就可以让热量很快地均匀传播。不过，这个设想基本是不可能实现的。

如果能够让玻璃在受热之后也不会过分膨胀，那么是不是就可以防止其过分的体积变化而引发破碎了呢？

最后，科学家选择了在玻璃中混合氧化硼，从而得到氧化硼硅的玻璃。在温度上升了之后，其体积也不会发生过分膨胀。在温度引发的热膨胀率降低了之后，玻璃就不会因为剧烈的温差而发生较大的体积变化了，从而就增强了其抗温差的能力。

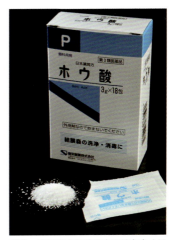

硼酸。硼元素在自然界中无游离态（即无单质），而是以化合态形式存在。许多情况下是与氧或者氢结合成硼酸或者硼盐的方式存在。硼酸是我们接触的最多的硼元素的化合物，例如用于清洁眼睛的稀释水溶液等。

岛崎石。在海水中或者温泉中有少量的硼元素存在，在一些盐湖或者干枯的湖里也有一些浓缩的结晶。在日本的冈山县发掘出来的石灰岩和花岗岩中发现了很新的硼元素矿物质。这种主要由二硼酸钙组成的新矿物质被命名为"岛崎石"。

Carbon

C

6

Carbon

碳

钻石中的每个碳原子与其他四个碳原子成键从而形成空间网状结构，而且，这些碳元素是同位素。钻石是天然物质中硬度最高的，其导热性强，纯的钻石完全不导电。除此之外，在名为"金伯利岩"的地下深层岩石中还发现了八面体甚至十二面体的钻石结晶。

碳	C（钻石）
原子量	12.011
熔点	3550.0℃
沸点	4800.0℃

Carbon这个名词的来源在学界并没有一个定说，不过大部分人认为其来自拉丁语的carbo（木炭）。也有学者认为其来源于印欧语的ker（燃烧）。

碳的单质可以从黑色到透明

提到"碳",大家首先想到的就是木炭吧。木材燃烧之后分解而出的就是木炭。木炭又被称作是不定形碳,也就是说,其结晶的结构并不是特别稳定,或者说就没有一个固定的结晶结构。工业上也会使用类似的碳,不过,会将一些粒子大小基本一致的碳结合在一起弄成炭块。

由碳元素组成的单质(碳元素的同素异形体:由同一个元素的原子组成的,但是原子的排列和结构不太相同)中,有的单质的结晶与分子结构都比较规整,例如钻石、石墨、富勒烯等。

碳元素能组成钻石

碳元素组成的单质中有的是黑炭,有的却是钻石,从黑色到透明。不过,不管是黑黢黢的炭(结晶结构最紧密的其实是石墨)还是闪闪发光且坚硬的钻石,哪怕看起来完全不相同,它们的构成元素都是同样的,那就是碳原子。

铅笔芯为什么要使用石墨?

钻石由于其特殊的强度,所以不仅作为贵重的宝石来使用,还可以作为玻璃或者岩石的切割工具。而石墨比较柔软,导电性很强,可以用于电池、电解实验的电极、铅笔芯等。

铅笔芯一般来说是将石墨与粘土混合起来的产物,有的时候也是石墨与塑料的混合。之所以在铅笔芯里使用石墨,主要原因是石墨的结晶结构比较薄,而且容易改变形态。石墨的结晶结构是六角形的网状结构,分布在一个平面上,就好像是一个巨大的分子一般。既然是平面的,那只要施加一点外力,其就会发生形态的改变。

木炭。木炭是不纯净的碳单质,是木材在进行燃烧了之后得到的产物。其中间的空隙较多,比较易于燃烧,我们日常生活中使用的较多。木炭中含有少量的钾和钙等成分。

铅笔芯的硬度,根据石墨所占的比例不同而不同。石墨越多,越柔软。按照日本工业协会的规格(JIS)来判定,从软到硬分别的规格包括:6B、5B、4B、3B、2B、B、HB、F、H、2H、3H、4H、5H、6H、7H、8H、9H等。总共有17种规格。

B是英语单词黑色(Black)的打头字母,意思就是黑色。而H则是坚硬的(Hard)的打头字母。至于H与B之间的F指的则是坚固(Firm)。

富勒烯的发现

碳元素的同素异形体一般包括无定型的碳素、石墨和钻石三种。之前的研究表明,碳元素的同素异形体构成的单质只有这3种,再进行科研也不会发现别的形态。

27

不过，1985年，英国化学家哈罗德·沃特尔·克罗托博士和美国赖斯大学的科学家理查德·斯莫利、海斯、欧布莱恩和罗伯特·柯尔等人发现了富勒烯（碳-60）。主要的三名科学家因此获得了1996年的诺贝尔化学奖。这是一种新的碳元素分子结构。此后，科学家还发现了碳-70、碳-76、碳-78、碳-84等更大的分子结构。不仅有球状的碳分子结构，还有筒状和管状结构等。这些全部综合起来称之为富勒烯。

现在的科学界还致力于将其他原子放入到已有的分子结构中，由此来探求其化学和物理的特性，并将研究的成果运用到医学等领域。

轻便美观的碳素纤维

碳纤维（Carbon Fiber）的组成成分就是碳素（即碳单质）。碳素是黑色的，直径只有头发的十分之一。可以将其编织起来作为普通纤维布料使用。如果将其加入到塑料、陶瓷或者金属中组成复合材料，那就会大大提升产品的硬度和轻薄度。它们的质量比金属轻得多，且具有很高的强度，很耐磨。由于这些特性，碳纤维现在的使用范围非常广，例如飞机制造、火箭、人造卫星、汽车、钓具、高尔夫用具、网球球拍、自行车的支架、帆船、文具、精密仪器等制造领域。

碳酸钙。碳元素在燃烧了之后会被氧化，从而产生出二氧化碳。二氧化碳与水产生化学反应就形成了碳酸。之后碳酸再与天然的钙发生反应形成碳酸钙。一般来说，在天然的石灰岩中就含有大量的碳酸钙，纯度较高的天然碳酸钙又被称之为"方解石"，由于其中含有碳酸离子，所以会让通过其中的光线发生震动而分割成两部分（双折射）。在一些棱镜、三棱镜中使用。

碳素或者含碳的化合物在空气中燃烧会得到二氧化碳。二氧化碳是无色无味的气体，其溶解到水中会呈弱酸性。通入石灰水会出现碳酸钙的沉淀而发生混浊的现象。固体的二氧化碳，也就是干冰，在一个大气压下和零下79℃的环境中就会升华，直接变成气体，一般是作为冷却材料来使用。

碳素和含碳的化合物不完全燃烧就会得到一氧化碳。一氧化碳也是无色无味的，但是却会与血液中的血红蛋白结合，从而阻碍血液运输氧的能力，最后导致人体中毒。所以，一氧化碳是有害气体。

有机化合物的世界

碳的化合物有几千万种，它与其他元素一同构成了神奇的有机化合物的世界。碳元素是生物体的主要构成元素之一，与生物的各种机体功能相关。淀粉、蛋白质、脂肪等都是碳的化合物，也就是有机化合物。

有机化合物在自然界中首先是通过植物的光合作用将二氧化碳与水结合产生出来的。此外，海底的生态系统中，化学合成细菌又会制造出无机化合物。

天然纤维、合成纤维、塑料等都是碳的化合物。石油、煤炭、天然气等化学染料也是有机化合物。这些燃料在燃烧了之后就会释放出二氧化碳，由此而引发了全球气候变暖等问题。

石墨。石墨是排布成一层一层的碳原子，是黑色的矿物质。其质地非常柔软，而且很容易出现断层。石墨的导热性和导电性很强，在没有氧气的环境下化学性质稳定，耐热性较强。因此，石墨一般用于制作铅笔笔芯、电极、坩埚等。

富勒烯。石墨的分子结构如果能包裹成一个球状，那就是富勒烯了。在富勒烯中，碳的排布方向像足球的花纹一样，构成六角形和五角形。这样的结构在自然界中并不多见。如果使用石墨作为电极来放电可能会产生富勒烯。在甲苯的有机溶液中稀释之后是紫色的溶液。电子的结构比较稳定，不容易失电子也不容易得到电子。

钻石压力测试器。钻石被打磨成了四面，然后将其镶嵌在铁柱子里。钻石的强度和硬度都非常高，可以在切割工具上使用。照片中为大家展示的就是硬度很高的钻石工具，将其用力压在被检测的物体上，然后通过被压出来的痕迹来判断被检测物体的硬度。

Nitrogen

N

7
Nitrogen
氮

氮	N
原子量	14.007
熔点	−209.9℃
沸点	−195.8℃

氮是硝石（Nitorum）中的构成元素，与产自（gennao）一词组合，就得到了Nitrogen这个单词。

氮气是无色无味的气体，大约占据了空气3/4的比例。其化学性质稳定，一般情况下不会发生化学反应。照片中为大家展示的是氮气通过水时产生的效果。

氮气大约占空气比例的80%

氮气是无色无味的透明气体,在地球的大气层中占据了大约78%。在零下196℃就会液化,一般将液态氮当作冷却剂来使用。工业上,主要是通过分馏液态空气来提炼出液态氮。

氮气在常温下是惰性气体,在高温下与氧气等反应能生成多种氧化物。氮氧化物一般的表示方式是NOx。这一类氧化物是导致酸雨的主要原因。

当空气的温度较高的时候,在汽车的引擎内会产生一氧化氮(NO)。一氧化氮是无色的气体,其溶解于水的能力很差,在空气中会迅速地被氧化,成为二氧化氮。二氧化氮是红褐色的,其水溶性较强,具有一定的臭味,是有毒气体。

其他包含氮元素的化合物还包括:氨气、硝酸、氨基酸等。氨气也是无色的气体,不过具有较强的刺激性气味,比空气的密度要小,水溶性极强,其水溶液(氨水)具有弱碱性。肥料、染料等都含有大量的含氮化合物。硝酸是强酸,同时其也具有一定的氧化功能,可以溶解铜、水银、银等金属。生命体体内的蛋白质、血液、肌肉,或者是促进化学变化的催化剂等里面都含有含氮的氨基酸。

从空气中分离氮气和氧气

将空气冷却了之后就可以得到液态空气。这一状态下的空气可以分离出液态氧和液态氮。液态空气的温度处于氮气与氧气的沸点之间。氮气的沸点是零下196℃,而氧气的沸点则是零下183℃。

氮气的沸点比氧气的沸点更低,所以液态空气中肯定是先蒸发氮气,剩下的部分中氧气会更多。将氮气蒸发出来之后,就可以再次制作成液态氧了。通过这种方式就可以将氮气与氧气从空气中分离出来。

氮元素一般不会与其他元素简单地结合在一起,所以,有的罐头或者食品内部会填充氮气,从而起到防止氧化而保鲜的作用。

液氮在日本常作为冷却剂使用,例如,在捕捉了金枪鱼之后,将其迅速冷冻起来。也可以用于冷冻家畜的精子,还可以用来治疗疣病。

氯化铵:氮元素的化合物是植物生长所需的三大元素之一。其中一种肥料氯化铵中就含有大量的氮元素,它可以让热的溶液迅速结晶,而在溶液中还可以看到氯化铵的结晶沉降。

使用液氮来作为冷却剂

许多人认为液氮的状态应该像湖面一样平静,实际上却完全不是这样的,液氮是以非常凶猛的状态沸腾着。

将橡胶球投入到液氮中,橡胶球就会变得跟石头一样坚硬。将其从较高的地方扔下去,橡胶球就会发出巨大的响声后摔成两半。将花瓣投入到液氮中,我们会听到类似油炸食品的滋滋声,并且会伴随液面的激烈沸腾。将花瓣拿出来之后,用手轻轻触碰花瓣,它就会立刻变成碎片。但不管是橡胶球还是花瓣,在常温中重新放置一段时间之后就又会恢复到原来的状态,恢复弹性与美丽。

如果将二氧化碳注入到塑料袋中,然后使用液氮来冷却,就会得到非常干爽的白色粉末,这就是干冰。

Oxygen

O

8
―――
Oxygen
氧

氧气在常温下是无色无味透明的气体，在液化之后会呈现些许的蓝色。照片中为大家展示的是将氧气放到水中之后看到的现象。有时我们需要提高身体血液中的氧气浓度，但如果人体长时间暴露在高浓度的氧气中，也可能会造成不好的影响。

氧 O	
原子量	15.999
熔点	−218.4℃
沸点	−183.0℃

Oxygen这个词来源于希腊语的酸（oxys）与产生（gennao）的组合。

氧元素是地壳中含量最多的元素

氧气是无色无味的透明气体。其活力较强，可以与众多元素组成氧化物。

理科学生经常会做生成氧气的实验，将二氧化锰添加到过氧化氢（双氧水）溶液中就会生成氧气。此时，二氧化锰只是一个媒介（促进化学反应的物质），基本的反应过程是：H_2O_2（双氧水）→O_2（氧气）+ H_2O（水）。

空气中大概有21%都是氧气，许多生物都是通过空气中的氧气或者溶解到水中的氧气来呼吸，进而维持生命活动的。一部分氧元素会变成活性氧元素，成为老化、炎症等的诱因。不过，我们的身体也有抵御这种活性氧的机制。

除此之外，氧元素还储存在水里、岩石中的二氧化硅等多种化合物中，是地壳中含量最高的元素。

氧元素为什么有"酸性"？

氧元素是1779年的法国科学家安托万-洛朗·德·拉瓦锡命名的。Oxygene，这个词的直译意思是"产生酸的物质"。原因是因为硫磺、磷、碳等在燃烧之后溶于水都会产生出酸，而酸中又肯定有氧元素。

不过，氯化氢等不包含氧元素的物质被人类发现了之后，我们才真正意识到"酸性"物质的共性是它们都含有氢元素。不过，这时氧元素在各种语言中的说法早就固定下来了。

有益的氧气与有害的臭氧

在工业中将空气液化之后，根据氧气与氮气的不同沸点可以将两者分离开来。

液态氧呈现出淡淡的蓝色，具有一种"顺磁性"，就是说它可以与磁铁产生吸引。在一个密闭容器内，将液态氧与可燃的碳粉、棉花等一同点燃会发生剧烈的爆炸。

氧气除了在制铁和制钢的时候大量使用以外，还可以通过燃烧产生高温火焰，从而有切断钢材、焊接金属的用途。这时候主要是氧乙炔燃烧器。此外，也可以在医学上使用。

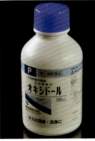

双氧水。双氧水，就是过氧化氢的水溶液稀释后的液体，其杀菌能力很强。如果服用到体内的话，通过体内酶素的作用，最后会分解成氧气和水。

火焰。氧气含有的能量很高，如果与可燃性物质在高温下反应，可以将其氧化并产生燃烧的现象。丙烷与氧气同时点燃的话，燃烧的温度可以达到1600℃，用于加工石英玻璃等。

氧气的同素异形体还有臭氧（O_3），在我们的大气层中（高度在10~50km的范围内的臭氧层），大概有万分之一的臭氧。臭氧可以帮助我们吸收对生物体有害的紫外线。不过，这几年研究发现，我们的臭氧层正在逐渐变薄，有的地方甚至出现了空洞。同时，值得注意的是，复印机在放电的过程中，会将空气中的氧分子转变为臭氧分子，从而产生出臭氧。

臭氧的语源来自于拉丁语，意思是"带有气味的，臭的"。臭氧的氧化能力很强，而且对人体是有害的。

Fluorine

F

9
Fluorine
氟

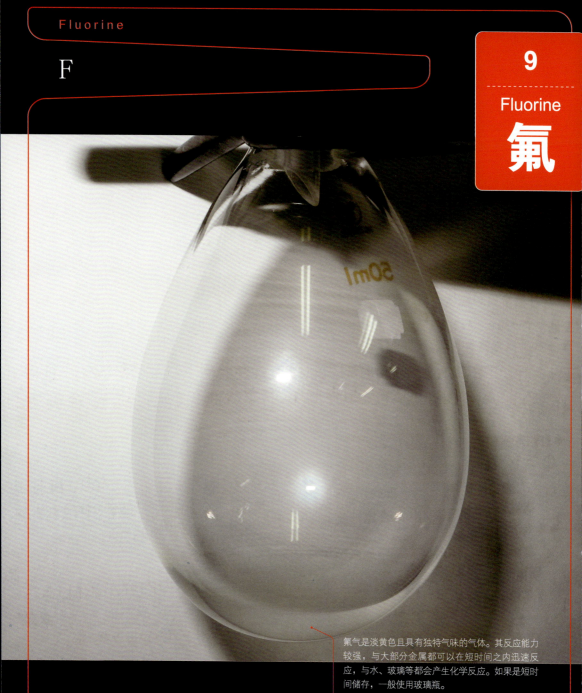

氟气是淡黄色且具有独特气味的气体。其反应能力较强,与大部分金属都可以在短时间之内迅速反应,与水、玻璃等都会产生化学反应。如果是短时间储存,一般使用玻璃瓶。

氟	F
原子量	18.998
熔点	-219.6℃
沸点	-188.1℃

Fluorine这个词来自于拉丁语的流动(fluo)。含有氟元素的萤石可以帮助清洁燃烧炉里剩下的残渣。

卤素元素的前锋

氟气是最轻的卤素。卤素指的是元素周期表的第ⅦA族（位于第17纵行）元素，包括：氟元素、氯元素、溴元素、碘元素、砹元素等元素。这一族的元素与金属或者盐都可能发生化学反应，于是取了希腊语"盐"意思的"hals"，以及"制作，产生"意思的"gennao"的意思，组合起来就成为了卤素。卤素的化学性质都很活泼，很容易产生出各种卤素化合物。

氟元素就是卤素一族的前锋。其单质是淡黄色的气体，具有特殊的臭味，化学性质非常活泼，具有非常强的氧化能力，是剧毒气体。氟元素基本可以与所有的元素发生化学反应，产生氟化物。甚至可以与稀有元素中的氙气、氪气等产生化合物。

在牙膏中添加的"氟"其实是氟化钠或者单氟磷酸钠等氟元素的化合物。它们可以作用于牙齿的釉质部分，起到清洁牙齿和坚固牙齿的作用。

萤石。氟元素很多时候存在于萤石（氟化钙）中。纯的萤石是没有颜色的，但是由于自然界中的萤石往往都有杂质，所以它们会呈现出绿色、紫色等各种颜色。萤石在加热之后会发光，像萤火虫一样，所以命名为"萤石"。

能够溶解玻璃的氢氟酸

将氟气与氢气混合在一次会产生剧烈的爆炸性反应，产生氟化氢气体。将氟化氢气体溶解到水中，制作成大约50%浓度的水溶液就成为了氢氟酸。氢氟酸甚至可以溶解玻璃，所以在保存的时候需要将其置入塑料的或者氟树脂构成的容器中。

镜头的减反射膜。相机或者光学仪器的镜头上一般都有一层由氟化镁等元素组成的薄膜，起到减反射的作用。氟化镁的折射率很低，可以有效地防止光线在镜头的表面发生折射现象。

梦幻物质氟利昂

氟利昂是一类化合物的总称，它们往往是由1～3个碳原子组合在一起，然后再加上氟原子与氯原子。氟利昂很容易气化，无毒且不会燃烧，所以以前一直被当做完美的梦幻般的物质，用于冰箱、空调的冷却剂、喷雾的溶媒、半导体的清洁剂等使用。

不过，之后人们发现氟利昂是破坏地球大气层中臭氧层的罪魁祸首。氟利昂在上升到大气层之后，就会将臭氧转变为普通的氧气，从而破坏掉臭氧层。从此，全世界各国开始明令禁止继续使用氟利昂，代替它的则是其他物质，例如氯氟烃。不过，氯氟烃是很强的温室效应气体（这一类气体存在于大气层中，来自于太阳的热量在倾洒到地球上之后会被这一类气体所阻隔，从而无法发散出去），所以在使用之后需要进行特别的回收。有些发达国家决定在2020年以前要全面废止氯氟烃替代物的使用，所以当今社会正在进行新的冷却媒介的研究和开发。

Neon

Ne

10

Neon

氖

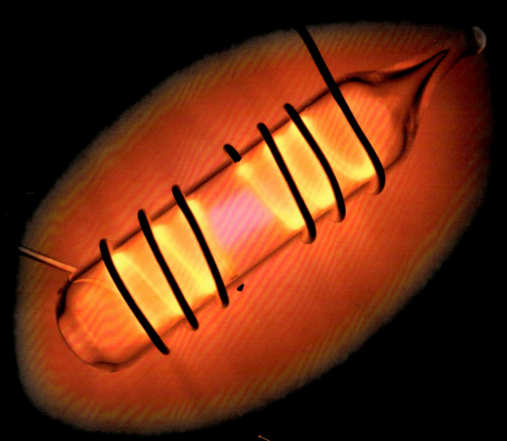

如果在氖气中通过高压电,我们就会看到非常鲜艳的红色或者橙色的光线。利用这一特性,我们常常使用氖气来制作霓虹灯。

氖	Ne
原子量	20.180
熔点	−248.7℃
沸点	−246.0℃

Neon这个词来自于希腊语的"新"(neos)。因为在当时,它是最新发现的元素。

霓虹灯里的氖气

氖气是无色无味的透明气体，属于稀有气体。其化学性质并不活泼，没有相应的化合物。在大气层中的含量是0.0018%，是仅次于氩气含量的稀少气体。

作为稀有气体，氖气在低压下电会呈现出漂亮的红色。于是常常用在霓虹灯上。放出红色的就是带有氖气的霓虹灯，而放出明亮的白色或者蓝色、绿色的则可能是装有氩气或者气态水银。之后在霓虹灯的内部再涂抹上荧光物质，由此进一步凸显出色彩。有的时候为了加深色彩，还会使用一些本身就带有颜色的玻璃管。

霓虹灯的历史

将玻璃管中的空气完全抽出来，注入稀有气体，在两端施加电压进行放电的时候就会发射出美丽的光芒。初次使用这种照明方式的是1895年的美国人穆尔，他首次将二氧化碳封入玻璃管中，然后通过放电制造了耀眼的白光。这个被称作是"穆尔灯"的发现，是人类历史上第一次使用放电搭配气体的试验。

放电管中气体的种类不同，那么在电压下就会释放出该气体所特有的颜色和光芒。

氩气、氖气、氪气、氙气等稀有气体在19世纪末的英国，由一位名为拉姆齐的人第一次发现。之后，利用稀有气体进行放电实验的情况并不太多。

装有氖气的玻璃管。氖气是无色无味的透明气体，在空气中的含量较低，所以需要液化空气的方式将其分离出来。

一直到1907年，法国的克劳德第一次从液态空气中分离出了稀有气体，而三年后，霓虹灯这种崭新的物体才逐渐被大众所认知。

克劳德在氖气的红色光线中进一步加入了氩气的蓝色光线，不仅如此，他还第一个实现了在玻璃管内侧涂抹涂料的方式来让霓虹灯展现出更多的色彩。

世界上第一个的霓虹灯的广告是在法国巴黎的蒙马特大街上的一个小小理发店，那已经是1912年的事情了。

克劳德又在1915年发现了耐腐蚀的高性能电极，在申请并获得了个人专利之后，克劳德成立了克劳德霓虹灯公司。在此之前，美国使用最多的还是前面提到的穆尔灯，不过霓虹灯的变化和灯光质量明显要比穆尔灯高出了许多。正是克劳德的创新之举，帮助其打造出了属于自己的商业帝国。此后的1932年，其公司的主要专利过期了，至此拥有的各种优势也随之消失了。此后，霓虹灯在全世界迅速地普及开来。

Sodium

Na

11
Sodium
钠

钠的横切面是明亮的银色,不过在空气中会迅速地氧化,从而披上一层淡淡的黄色薄膜。其质地较软,用小刀切割的时候感觉与切割奶酪相类似。钠与水会发生非常激烈的化学反应,有的时候还会爆炸。

钠 Na	
原子量	22.990
熔点	97.8°C
沸点	883.0°C

钠这个词来源于拉丁语的natron(碳化钠)。而sodium这个词则来自于阿拉伯语的suda(头痛药)。

将钠单质投放到水中会发生爆炸！

钠是柔软的银色金属。它与空气中的氧气结合成化合物，与水还会发生剧烈的化学反应。因此，一般我们将其储存在煤油中。

如果将米粒大小的钠投入到水中，两者就会产生化学反应，在释放出氢气的同时，钠还会在水面上快速移动，最后溶解到水中形成氢氧化钠，呈无色透明的粒子状，最后再彻底溶解掉。如果将钠放在滤纸上，然后再放到水面上，钠就会燃烧起来，放出黄色的火焰。可是，如果将比较大块的钠直接投放到水中，就会发生剧烈的爆炸，炸开来溅向四方。

钠灯。在低压的钠蒸气中放电，由于钠原子的特性，会发出强烈的**橘黄色**的光芒。这个光芒的辨识度很高，一般用在隧道内的照明或者夜间的普通照明中。

"文殊"的钠泄漏事件

位于日本福井县的"文殊"高速增殖反应堆的冷却剂使用的不是水，而是熔化成液体的钠。增殖反应堆中，中子的数量越多越好，因为这里主要是进行核燃料的核分裂过程。中子是为了促进核分裂而人工添加进去的，因为要将普通的铀转变为钸，就必须要添加中子来促使其反应。而高速增殖反应堆中的"高速"指的就是高速的中子。

盐和味精。食盐（氯化钠）、味精（谷氨酸钠）等都是我们生活中经常接触到的钠的化合物。

如果冷却剂使用水，那么就会减少中子的速度，因此是得不偿失的。那么，我们就必须要找寻液体，既能够起到冷却的作用，又不会减少中子的运动速度。而液态钠本身的造价并不高，传热能力还很强且熔点较低，因此被选为冷却剂使用。

可是，要想保存好钠却不是一件易事。热交换的管道之间有水蒸气作为隔断，可是，这些管道时不时地会出现漏洞或者破损。液态钠的温度高达500℃，如果其接触了空气，一定会燃烧起来，甚至会与混凝土发生剧烈反应。法国曾在试验阶段使用过液态钠，但最后发现管理和保存起来实在是太困难了，最终没有在高速增殖反应堆中使用。

1995年，日本的"文殊"高速增殖反应堆就出现了钠泄漏事件，一度面临非常危险的情况。

与我们的生活息息相关的钠化合物

钠的化合物在无色的火焰中燃烧也会产生出橘黄色的焰色反应。隧道中的橘黄色照明灯就是钠灯。

地球上的钠元素一般都是以氯化钠的形式存在于岩石或者海水中。氯化钠也就是食盐，是我们生活中接触最多的钠的化合物。

氯化钠是钠元素与氯元素结合之后的化合物，不过，如果直接将大块的钠单质投放到水中会发生剧烈的爆炸。而氯气本身是带有毒性的物质，在战争年代曾经作为武器来使用。可是，将钠元素与氯元素结合在一起形成化合物之后，就变成了我们的生活必需品。

除此之外，谷氨酸钠（味精）、烘培粉中加入的碳酸氢钠（小苏打）、肥皂等都是钠元素的化合物。只要我们在说明书上看到"某某钠"的标记，那就肯定是钠的化合物了。

Magnesium

Mg

12
Magnesium
镁

镁是银白色、密度较小的金属,在空气中算是比较稳定。在加热之后会燃烧,发出耀眼的白光并冒出浓烟。照片中展现的是镁在蒸馏之后产生的晶体,是各种六角形结晶的聚集体。

镁	Mg
原子量	24.305
熔点	650.0℃
沸点	1095.0℃

Magnesium这个词来自于希腊语的Magnesia(地名)。在这里首先开采出了一种白色的矿石,由此得名。

燃烧放出耀眼白光的金属

镁是银白色的金属，曾在相机的闪光灯中使用。不管是粉末状、丝线状还是其他形状的镁单质，与氧气反应燃烧时都会发出耀眼的白光。耀眼的白光。现在烟火中我们仍然在使用镁。之前提过，在烟火爆炸之后会溅出各种物质，而白色（银白色）的亮光部分就是铝或者镁的单质在燃烧之后发出来的。

地壳中有许多镁元素

白云石。镁作为广泛分布的资源，其中使用最多的还是碳酸盐的化合物。而碳酸盐中又数碳酸镁和碳酸钙使用最多，例如白云石就是其中之一。而单纯的碳酸镁含量较多的石头则是菱苦土。照片中为大家展示的是产自西班牙的白云石。

在地壳中的众多的元素中，镁的含量仅次于铁，排在实用金属的第二位。在海水中也有大量的镁存在，将海水中的氯化镁提取出来，然后通过熔融盐电解（将固体的氯化镁加热，熔化之后再电解），由此就可以获得金属镁的单质。镁与铝、钛一同并列为最新的实用金属。

用于合金材料的原料

从全世界的范围来看，镁使用量的一半都是用于合金材料的原料，最多的是与铝一同构成合金（铝合金等）。此外，镁还可以帮助合金减轻重量，所以在压铸（将熔化的金属注入到模型中，然后通过加压的方式来使其凝固的工业用法）的时候也越来越多地使用镁。此外，汽车的轮胎、转向轴、座位等上面也在使用镁。

在一些轻便型电器中，例如笔记本的机壳、相机、手机中也有镁的应用。

卤水也是镁的化合物

地球上的植物随处可见，而植物之所以能呈现出绿色，其中的一个重要原因就是因为含有镁的化合物（叶绿素）。叶绿素是植物进行光合作用过程中必不可少的重要元素。

卤水（将海水蒸煮，提炼出食盐之后剩下的味道很苦的汁液）的主要成分就是氯化镁。卤水加入豆浆中就会起到将豆浆凝固成豆腐的作用。现在除了卤水以外，我们也使用硫酸钙、氯化钙、硫酸镁等化合物来作为制作豆腐的原料。

水到底是"硬"还是"软"？

饮用水根据硬度可以分为软水和硬水。硬水中的钙和镁的含量较高，而软水中几乎不含有这两种元素。日本的水一般都是软水。而硬水区域一般来说周围都有石灰岩地域。例如，冲绳地区的珊瑚岛。珊瑚本身就是由石灰岩堆积起来的，如果水从这里通过，就会带上许多的钙元素。

如果水中含有的镁元素过多，就会引起腹泻等疾病。因此，许多治疗消化不良的肠胃药中都含有镁的化合物。

Aluminium

Al

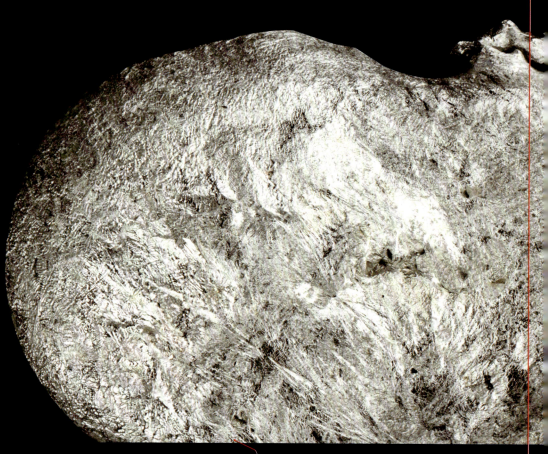

13
Aluminium
铝

铝 Al	
原子量	26.982
熔点	660.4℃
沸点	2520.0℃

Aluminium这个词来自于古代希腊和罗马，当时的人把明矾称之为alumen（苦盐）。

铝是具有明亮光泽的银白色轻金属，在所有金属中，铝的紫外线可视光反射率最高。在被氧化之后会形成薄膜覆盖在表面，能够长期保存。其强度较高，加工起来也比较简单，所以不管是纯铝制品还是铝合金制品都十分常见。

天然的氧化铝结晶中，如果含有一些铬离子，那整体就会被染上红色，这就是红宝石。而其他颜色的则统一称之为蓝宝石。一般来说，蓝宝石中含有的都是铁离子，因此才呈现出蓝绿色。照片中展示的是蓝宝石沙粒中含有的六角形的结晶。

铝的用途非常广

铝是银白色的轻金属。其质地柔软，延展性较强，可以加工成铝箔。家用铝箔的纯度已经是99%左右了。而日本的一分硬币基本就是100%的纯铝制成。由于铝很轻便，导电性又很强，所以经常用在高压电线的制作中。此外，由于其导热能力较强，所以也常常用在锅碗瓢盆中。我们之所以大量地使用铝，还有一个原因就是：当铝制品的表面发生氧化后会形成氧化铝，这层纤细的包膜覆盖在金属上可以防止其进一步被氧化。

如果在铝中加入4%左右的铜和少量的镁或者锰，那就构成了铝合金。铝合金具有很强的韧性和强度，飞机机体的部分材料就是由铝合金构成的。

氧化铝的非常纤细的薄膜在经过人工处理之后可以加厚，作为防腐蚀的材料使用（例如在锅等容器的表面，或者铝窗框的表面等）。这种方式在化学上称之为阳极氧化处理。

地壳中含量排名第三的元素

铝化合物在地壳中的含量仅次于氧元素、硅元素，排在第三位。不过往往需要大量的电力，才能把纳从矾土或者冰晶石（Na_3AlF_6）中电解出来，在19世纪，廉价电力和将氧化铝溶解在冰晶石中的电解方法推广以来，我们才能大规模生产铝制产品。现在全世界每年都会生产出大概2000万吨的金属铝。

关于铝工业的一个小故事

为了大量制造出金属铝，曾经有两位有为青年奋起挑战这个难题。一个是美国的哈尔（Hall），一个是法国的艾路（Heroult）。他们都是独立研究，然后都发现了大量获取金属铝的方法，并且在各自的国家申请了专利。

以前，要将矾土矿石转变为铝矿石（氧化铝），然后再从中获得金属铝的方法是几乎不可行的。要熔化铝矿石，至少需要2000℃以上的高温。不过，要是能在1000℃就将铝矿石液化，那通过简单的电解过程就可以分离出金属铝了。

长石。地壳中含量最多的无机化合物就是长石了，它是属于矿物的大家族的，一般来说是碱金属或者碱土金属的氧化铝化合物。其中含有大约10%的铝元素。长石可以用于陶瓷器的上釉材料，月长石、太阳石、富拉玄武岩等都是比较贵重的长石种类。照片中白色的结晶物质就是长石。

这两个人首先注意到的都是在格林兰岛开采出来的乳白色的水晶石。这种水晶石的熔点大概是1000℃，在熔化了之后就可以加工成氧化铝的化合物，而其中至少有10%的部分是可以溶解在水里的。1000℃这个温度要求并不高，在水溶液中插入电极施加电压就可以很容易地从阴极得到金属铝。

现在金属铝的制造工业上使用的铝分离法就是按照这两个人的操作方式进行的。

Silicon

Si

14

Silicon

硅

硅是颜色比较暗淡的银色的非金属元素，却具有一定的金属光泽，但是却不具有金属所有的延展性。其单质的表面往往有裂痕，比较容易分割开。硅单质在半导体的制作上是必不可取的原料。

硅	Si
原子量	28.085
熔点	1412.0°C
沸点	3266.0°C

Silicon这个词来自于拉丁语的silex（打火石）。

半导体材料的主角

硅单质是具有比较暗淡的银色金属光泽的结晶。最开始人们错误地以为硅元素属于金属元素，但是它非常适合作为半导体材料使用。因此，硅元素一般用作半导体的材料或者太阳能电池的材料等。现在电脑中的电路板的大部分原料都使用的是晶体硅。在美国的加利福尼亚北部的地区，汇聚了电子信息产业的最先进技术，那一带被称之为硅谷。这主要还是因为晶体硅在半导体材料上大量的使用。

什么是半导体？

金属具有很强的导电能力。例如铜可以作为电线的核心材料，而铝又可以作为输送电缆的原材料。这样导电性能良好（电通过比较容易）的材质就被称作是良导体。良导体的原材料一般都是金属。其中，银具有最强的导电能力。相反，玻璃、橡胶、木材等不会导电（电无法通过），这一类就是绝缘体。

那么，半导体就是介于良导体与绝缘体之间的物质了。可是，半导体并不是任何时候都可以作为导体来使用的。有的时候它的性能接近良导体，有的时候又类似绝缘体。金属在温度上升之后，其导电能力就会下降（阻力增强）。但是半导体却是相反的，在温度上升了之后，其导电能力反而会上升。

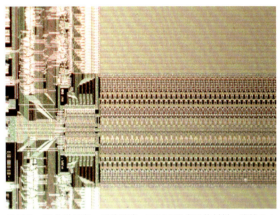

半导体。硅单质具有一定的带隙，可以用于半导体材料。将结晶之后的硅单质在电路板上研磨，然后添加适当的其他元素，之后就可以在上面铺设极其精细的排线等。

半导体只会在电极两段的电压超过了一定数值之后才会开始导电。也就是说，电压的大小可以直接控制其导电的情况。通过这种方式，我们可以很轻松地控制其中的电流，从而达到任意开关的目的。

利用这一点制作出来的东西很多，例如电信号。"0和1"实际上表明的就是"ON和OFF"（开和关）的状态，通过这种方式来表明电流是否在流动。这个技术可以说支撑着整个计算机网络。

除了电压以外，温度和光线等也会影响到半导体的导电能力。因此，在制作计算机的电路、温度感应器、二极管、晶体管、太阳能电池等物体的时候都会使用到半导体。

地壳中含量排名第二的元素

硅元素不仅是地球的主要构成元素之一，还是地壳中含量排名第二的元素。地壳中含量最多的元素分别为氧元素和硅元素。其中比较有代表性的就是石英（二氧化硅），石英中有许多晶体，这些晶体如果聚集起来就是水晶。石英的英语表达为Quartz，很多时候用于制作石英钟表。石英玻璃又是光缆材料的原料之一，是现在信息社会光通信产业的支柱。硅元素还可以应用在玻璃、水泥、陶瓷（陶瓷器皿）等上面。

火山的形状和二氧化硅

在地下100～200km深的地方，有许多可以形成岩石的岩浆。这些岩浆可能会朝着地面运动。而如果这些熔岩岩浆在地壳薄弱地段冲出地表，就形成了火山。

熔岩岩浆在喷发出来的时候由于气体的压力会出现大爆炸的景观，也就是我们说的火山喷发。这时候在火山口就会流出温度高达1000℃～1200℃的熔岩，并且伴随着喷火的壮丽景观。

熔岩中含有的二氧化硅越多，其黏性就越强，而颜色也就越偏白色。相反，如果熔岩中的二氧化硅越少，其黏性就越弱，颜色也就越偏黑色。

黏性较强的熔岩在喷发出来之后就会形成倾斜度较高的火山，而黏性较弱的熔岩则会静静地流淌，从而形成相对比较平缓的火山。二氧化硅含量较高的熔岩岩浆在高温下也会凝结，然后堵塞在火山的喷火口，从而成为阻碍其他熔岩岩浆流出的"塞子"。由于这种物质的黏性较强，而且全部拥堵在火山口，让火山中的气体无法自由排出，增强了其内部的压力。当压力上升到一个极限值的时候，火山就会喷发，展现出爆炸性的奇观。我们看到的火山喷发的火焰，实际上是岩浆等喷发出来的效果。二氧化硅含量较多的熔岩岩浆一般是比较偏白色的，所以，一般呈现出浅色的火山更容易发生剧烈的喷发。同理，如果我们看到的火山山坡比较陡峭，那它在喷发的时候就一定也比较剧烈。

硅胶油：硅元素与碳元素的结合稳定性很强，硅元素可以与有机置换基进行结合。而我们俗称"硅胶"的物质，就是在硅元素上结合了有机基和氧原子，从而形成了耐热性较强、几乎没有毒性的高分子材料。硅胶的状态很多，例如油状、橡胶状、树脂状等。许多新型的厨房工具都使用的是硅胶。

硅树脂（硅胶）

硅树脂（Silicone）是一种有机高分子化合物，是硅元素（Silicon）与氧元素相互结合形成的类似链状的结构。其本身也是由硅元素作为原料之一的合成树脂的总称。硅胶树脂有的时候也直接缩写为硅胶，不过，要注意的是，硅胶与硅元素的单质绝对不是同一种物质。

硅胶在成为液体之后就是硅胶油，具有像橡胶一样的弹性。而利用这种特性制作成树脂状的产物就是硅胶树脂。

硅胶具有很强的耐热性、耐寒性、绝缘性以及化学上的稳定性。将其作为液态或者乳液状态使用，可以用来防水，或者是起到类似蜡的作用。有的时候也可以直接将其作为涂料来使用。

制作成了橡胶状的硅胶加工起来很容易，是多种产品的原料。

碳化硅。碳化硅自古以来就是作为研磨剂（金刚砂）来使用的。最近，科学家们研发出了优良的化合物，可以作为强效半导体材料来使用。其中，结晶情况较好的部分还可以用于人工仿钻的制作。

合成水晶和碳化硅纤维。天然的石英作为原料，在人工的高温高压的碱水溶液中结晶得到的就是人工水晶。这是石英晶体振荡器的原料之一。也就是说，在制作石英钟表的时候会使用到。本图为大家展示的是碳化硅纤维，其具有抵抗1500℃高温的能力，是超级耐热的陶瓷纤维。这种材料在航天飞机上也有采用。

日式双晶。二氧化硅的结晶其实就是水晶，在日本的各个地方都有开采出了各式水晶。不过，有的时候我们发现的两个结晶规则角度都吻合的"双晶"却非常难得，又被称作是"日式双晶"。

紫水晶。二氧化硅在地壳中的含量很高，天然状态下是石英。如果其中含有的铁离子较多，就会呈现出紫色，称之为紫水晶（紫晶）。这是水晶家族中特别受人喜爱的品种。

Phosphorus

P

15
Phosphorus

磷

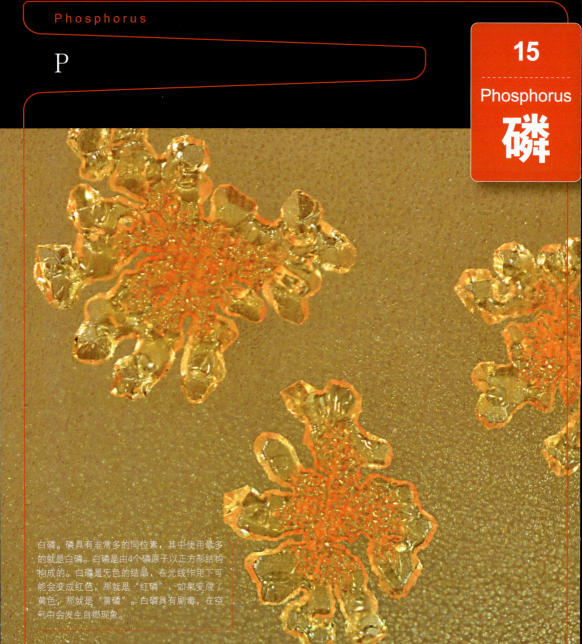

白磷。磷具有非常多的同位素，其中使用最多的就是白磷。白磷是由4个磷原子以正方形结构构成的。白磷是无色的结晶，在光线作用下可能会变成红色，那就是"红磷"，如果变成了黄色，那就是"黄磷"。白磷具有剧毒，在空气中会发生自燃现象。

磷	P（黄）
原子量	30.974
熔点	44.1°C
沸点	280.5°C

Phosphorus这个词来自于希腊语的phos（光）和phoros（搬运）。

火柴盒上的红磷

磷的单质主要有白磷（黄磷）、红磷和黑磷等。

白磷一般是白色或者黄色的固体，具有恶臭和剧毒。在潮湿的空气中，白磷会与氧气发生化学反应，发射出磷光且达到40℃～60℃的温度。因此，在储存白磷的时候要保证其与空气阻隔开来，为此可以将白磷放到水中储存。其实，白磷和黄磷是同一种物质，只是，当白磷的表面覆盖了些许的红磷之后，其整体就会呈现出黄色。

我们生活中也可以看到磷，比如火柴盒侧边的火药里就含有红磷。以前也使用过白磷。后来发现，白磷特别容易着火，而且还可能发生自燃。最严重的是制作的过程中可能会产生剧毒，因此后来就明令禁止使用白磷了。

火柴。以前火柴头使用白磷作为原料，出现了许多自燃的现象。因此，现在使用的火柴盒的侧边上涂抹的是红磷。

生物生存的必须元素之一

一个成人（体重70kg左右）的身体中大概含有700～800g的磷化合物。不管是在骨头还是牙齿中都含有磷与钙的化合物，称之为羟基磷灰石。细胞膜也是由磷的化合物组成的，而遗传基因DNA中的磷化合物与糖相互交替形成了双重结构。磷化合物是维持生物体生存的必须元素之一。

磷是造成富营养化的原因之一

植物的三大肥料分别是氮元素、磷元素和钾元素。磷元素在地球上的含量并不算太多，即使有也是以磷酸的方式与其他金属成分（例如钙、铁等）结合成难溶的化合物，因此植物比较容易出现缺磷的情况，从而阻碍其生长和发育。

"富营养化"指的是水中的营养盐（促进生物生长所必须的盐类）的浓度增加之后，水域中的植物生长速度加快的现象。这些营养盐中主要就是氮元素与磷元素。当水域出现富营养化的时候，浮游生物等水生植物就会开始大量繁殖，在春季的时候看到的水华（春季到夏季出现的浮游生物大量繁殖的浓绿色薄膜）、赤潮（同样原因形成的红色薄膜）、青潮（同样原因形成的青绿色薄膜）等都是由于磷的富营养化引起的。

在家庭、工厂、下水道处理场排放出来的污水中，以及农业上使用的化学肥料中都含有大量的氮元素与磷元素。一般来说，水中的氮元素与磷元素都比较少。因此，如果这两种元素大量增加，会促进植物快速生长。

有机磷是神经毒素

有机磷的化合物可以说是神经毒素，当然也可以作为杀虫剂等使用。以前战场上曾经使用有机磷作为化学武器。日本历史上发生的奥姆真理教地铁沙林事件中使用的就是有机磷的化合物。

有机磷也可以在家庭园艺中用来驱赶白蚁等。在普通的园艺商品店都可能有出售。过去使用的对硫磷的毒性就很强，在农业生产中造成了许多从事农业工作的人员的死亡，由此引起了非常严重的社会问题。此后，致力于研究无毒的有机磷化合物的工作一直在进行，慢慢的，发生事故的几率也降低了。

不过，哪怕是这些看似无毒的磷元素，在长期的高浓度的接触中，或者大量的使用过程中仍然会产生慢性中毒的情况。

S

Sulfur

16
Sulfur
硫

硫具有许多的同素异形体，其中状态最稳定的就是8个硫原子按照环装结合起来的S_8。在常温下，它是一个四角形的双锥结晶，状态很稳定。在高温下继续结晶，会形成针状的单斜硫。

硫 S（斜方硫）	
原子量	32.06
熔点	112.8℃
沸点	444.7℃

Sulfur这个词来自于拉丁语的sulpur（硫磺）。

硫本身没有味道，硫化合物则有异味

硫有许多的同素异形体，其中最普通最常见的就是黄色的结晶斜方硫，这是一种具有树脂一样光泽的结晶。此外，还有单斜硫、橡胶状的硫等。

硫磺经常在火山口附近被发现，从有人类以来，历史上就有相应的记载。到温泉较多的街道上可以闻到很重的硫磺味道，其实，这是硫化氢的味道。硫本身是没有任何味道的。从温泉中产生的硫的沉淀物在日本也被称作是"温泉花"，许多时候还作为土特产供应。

以前，人们常在火山地带采集工业用的硫，现在，通过高科技可以将硫从石油中分离出来，所以已经不再需要去火山上采集硫了。

喷气孔。火山的喷气口附近可以看到许多硫化氢与二氧化硫反应产生的结晶。以前人们在火山口附近开采这些结晶，然后用于提炼硫。不过，现在的科技已经可以从石油中直接提炼硫了，因此，去火山上开采硫矿石的行为越来越少了。

提升橡胶品质的"硫化"

盛产橡胶的地方基本都位于赤道周围，特别是东南亚国家。在中南美洲原产的橡胶树上割开一道口子，其中就会渗透出树木的汁液，将其采集起来就是橡胶采集工的主要工作了。这个工作过程非常简单和枯燥，由此得到的树木汁液称之为胶乳。

在胶乳中加入氨，然后通过离心器分离就可以得到构成橡胶60%部分的浓缩物质。然后在此基础上再加入其他物质来制造成橡胶。不过，这样生长出来的橡胶在高温下会变得很柔软，低温下又会过于坚硬，使用起来并不太方便。

在这个生产过程中，硫的作用非常明显。在生橡胶中加入硫的过程称之为"硫化"，然后将其加热，在温度变化的过程中，橡胶的弹性也会发生变化。其强度会增加，延展性也会增强。也就是说，延伸开来之后，它也可能会恢复到原来的状态。橡胶如果没有进行"硫化"处理，那么在延伸之后就不会恢复到原来的状态了。这样的"硫化"过程在人类的橡胶使用历史上，可以说具有划时代的意义。

硫易燃烧，会产生有毒气体

硫是一种容易燃烧的物质。在氧气中燃烧会发出绿色的火焰。在燃烧的过程中产生出来的二氧化硫（别名亚硫酸气体）是对人类和其他生物都有害的气体。二氧化硫溶解到水中就会形成亚硫酸，而二氧化硫在空气中继续氧化又会形成三氧化硫，溶解到水中就会形成硫酸。二氧化硫和三氧化硫都是酸雨的主要成分。形成酸雨的最主要的原因是来自煤、石油等化石燃料燃烧产生的二氧化硫。

二氧化硫可能造成一些公害问题，例如上世纪70年代，在日本的四日市和川崎市都发生过由氧化硫引起的公害。

二氧化硫是由石油中的硫在燃烧之后形成的。因此，最显著的去除氧化硫的方法就是将燃料和尾气中的硫成分完全去除（脱硫）。现在，全世界的二氧化硫浓度维持在一定的范围内。

Chlorine

Cl

氯气是呈现一定黄绿色的密度较高的气体，其单质是以Cl_2的分子形式存在。氯气具有独特的气味，在高浓度的时候是有毒的。不过，氯气现在也可用于下水道水的消毒作业。

17

Chlorine

氯

氯	Cl
原子量	35.45
熔点	−101.0℃
沸点	−34.1℃

Chlorine这个词来自于希腊语的chloros（黄绿色）。

1915年德军使用过的有毒气体

氯气是具有刺激性的黄绿色的气体，氯元素属于卤素。在空气中的含量很少，只有大概0.003%~0.006%左右。如果其附着在鼻腔或者咽喉道的黏膜上，并且达到一定的浓度，就会因为中毒而出现吐血的情况，甚至会危及生命。氯气具有一定的杀菌作用，现在仍然用于下水道用水的消毒处理。大气中氯气的浓度并不会对人类的身体健康产生影响。

氯气在第一次世界大战的时候，曾经被德国军队作为有毒气体（化学武器）来使用。

1915年4月22日，比利时的伊普尔地区，当德国军队和法国军队正在激烈交战的时候，德国军队突然放出了黄白色的烟雾，在顺风中，这股烟雾飘到了法国军队的阵地。当烟雾进入到了战壕之后，立刻就听到了法国士兵的惨叫，并且纷纷跌倒在地……那景象别提有多残酷了。当时，德国军队放出了170吨的氯气，法国军队有5000人左右因此身亡，14000人左右出现了中毒的症状，这是人类历史上第一次大规模使用氯气作为化学武器，也是第二次伊普尔大战的一个不可忽视的重要环节。

在第二次伊普尔大战中，英国军队在同年的9月，法国军队在第二年的2月都使用了氯气作为化学武器。此后，人们采用防毒面具来对抗氯气。可是，比氯气的毒性还要强10倍的化学武器光气，以及接触之后会让人的皮肤烧伤并产生肺气肿、肝脏功能受损的无色的芥子气（Yperite）等也慢慢出现了。

氯化钠——氯元素的代表化合物

氯元素非常不稳定，在自然界中并没有单质存在，全部都是以化合物的形式存在。而作为食盐成分的氯化钠、盐酸（氯化氢）等都是具有代表性的氯元素化合物。食盐，就是纯度较高的、可以食用的氯化钠，其中还含有一定量的氯化钾和氯化镁。氯化钠在天然岩石中就能发现，海水中含有2.8%的氯化钠。

氯化钠还是工业上的重要原料，氢氧化钠、碳酸钠、氯气、盐酸等的制作和提炼都会用到。

塑料里面的聚氯乙烯（PVC）、氯元素漂白剂等都含有氯，是氯元素的化合物。干洗店也常常使用氯化物来作为清洁剂。

混在一起就危险了！

在家庭生活中要注意的是，如果将含有氯元素的漂白剂与氧化性物质混合在一起，那么就可能产生有毒的氯气。所以，一般在漂白剂上都有相关的安全标识。

有的时候，家庭中使用的产品混合起来了之后，氯气也不会立马挥发到空气中。在去除污渍的表面活性剂（洗涤剂的主要成分）的作用下会形成泡沫，而产生出来的氯气往往被封在泡沫里。当泡沫慢慢消失了之后，氯气就会慢慢挥发到空气中，这是非常危险的。

聚氯乙烯。氯乙烯的聚合物就是聚氯乙烯，就是通常所说的PVC。其化学性质比较稳定，阻隔性能很强，所以常用作水管、包装袋等。

除菌剂。次氯酸盐具有很高的杀菌能力，使用起来很简单。只要溶解到水中就可以作为杀菌剂或者漂白剂来使用了。不过，将其与氧化性漂白剂混合在一起会产生有毒的氯气。

氯化钙。氯化钙可以吸收空气中的水分，制作成颗粒状之后可以达到去除湿气的作用。在下雪天也可以用作雪剂。

编者注：食品用的保鲜膜是聚乙烯。聚氯乙烯高温降解生成有害物质，因此不能用作食品包装！

Argon

Ar

18

Argon

氩

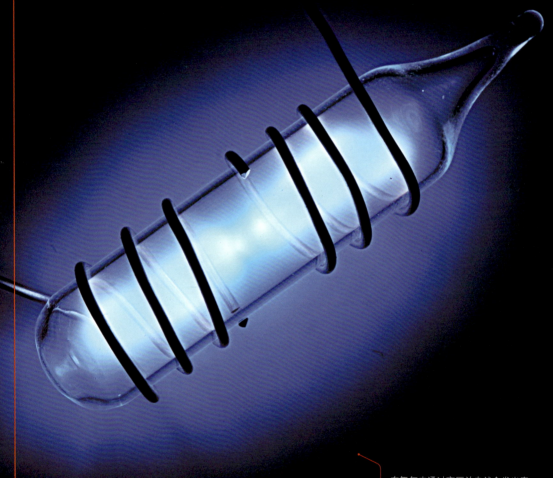

在氩气中通过高压放电就会发出青白色的亮光。

氩 Ar	
原子量	39.95
熔点	−189.2℃
沸点	−185.9℃

Argon这个词来自于希腊语的an（否定）与ergon（工作）的组合，是无法立刻开始工作、懒惰的人的意思。

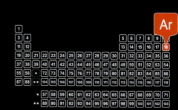

氩气是空气中所占比例排名第三的气体

氩气是无色无味且透明的气体。属于稀有气体。根据其语源就可以看出，氩气与其他任何物质几乎都不发生反应。2000年，科学家人工造出了氢氟酸氩，不过只有在零下246℃的极端低温下才存在。

虽说氩气是稀有气体，但是在空气中的比例却有0.93%，其含量仅次于氮气的78%和氧气的21%，排在气体中的第三位。钾-40在放出放射线之后，就会发生结构的改变，从而产生出氩。大气中的氩气含量较多，可以从中看出钾-40变化后的状态。

液态氩。液态空气分流之后很容易得到高纯度的液态氩。一般来说，在运输氩的时候是使用高压气态或者液态的方式。在进行金属焊接的时候，为了保证金属不与氧气反应，往往需要在操作环境中填充氩气。

在霓虹灯中主要是氖气，不过其中也含有一定比例的氩气。这样，原本的红色光就会变成蓝色或者绿色。

氩气与空气相比，其导热能力稍微差一些，不过，正因为有这个特性，可以将其密封在双重玻璃的中间，以此来达到隔热的作用。在电灯或者荧光灯中其实也有氩气。包括在电焊或者一些危险作业的时候作为保护气体的也是氩气。

第一个发现空气中惰性气体的人

空气在通过各种化学反应之后会残留下部分不进行任何反应的气体，这部分惰性气体的发现者是18世纪的英国科学家卡文迪许。

1785年，卡文迪许做实验将空气中的氮元素氧化。之后生成了氮氧化物，而剩下的氧气进行分离的时候却发现有部分气体残留了下来。那么，这部分剩下的气体到底是什么呢？

氩气是无色无味的透明气体。在空气中大约占据0.9%的比例。这是具有窒息性的气体，比空气的密度稍微大一些。

卡文迪许是一个不同寻常的人，他在40岁的时候从亲戚那里获得了一大笔遗产，成了一个大富豪。可是，他并没有因此过上骄奢淫逸的生活，相反，他在自己的房间里打造了一个实验室，开始了一个人的实验。通过实验，他第一个发现了氢气的存在，同时还提出了新的方式来测量万有引力。卡文迪许不是一个擅长交际的人，除了与国立科学家学会的科学家们偶尔有些来往以外，他几乎与其他人没有任何交集。据说，他特别讨厌跟女性会面。有一次，他在自己家中的楼道里碰到了女仆人，从此以后，他就干脆在家里修建了一个专供女仆人进出的楼梯，以此来避免与她们碰面。

卡文迪许是第一个发现空气中稀有气体的科学家，在100年之后，当时在伦敦大学学院担任化学教授的拉姆塞突然想起卡文迪许曾经说过："使用氧气与空气中的氮气作结合反应之后，有很小一部分空气与氧气不反应，以小气泡的方式存在于水溶液中。"以此为契机，在1894年，拉姆塞与另外一名科学家瑞利一同分离出了空气中的惰性气体（原子编号第二位的氦，参见第18页）。

55

Potassium

K

19
Potassium
钾

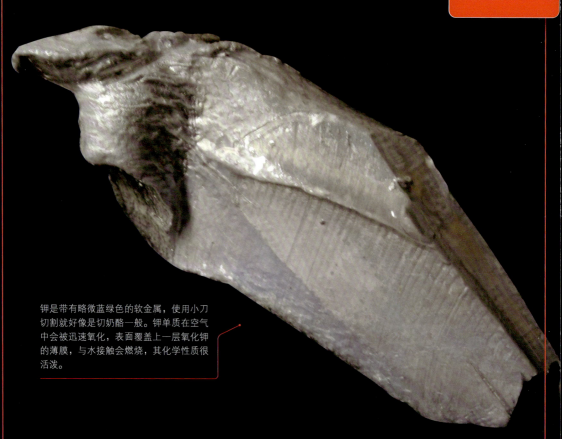

钾是带有略微蓝绿色的软金属，使用小刀切割就好像是切奶酪一般。钾单质在空气中会被迅速氧化，表面覆盖上一层氧化钾的薄膜，与水接触会燃烧，其化学性质很活泼。

钾	K
原子量	39.098
熔点	63.7℃
沸点	765.0℃

Kalium这个词来自于阿拉伯语的"海藻灰"。而Potassium这个词则来自于英语的"海藻灰"。

钾与水反应会产生紫红色火焰

带有青绿色的钾单质其实是银白色的柔软金属。它与钠一样同属于碱金属,而其化学反应的过程甚至比钠还要剧烈。钾的比重很小,发热能力很强,即使是一小粒钾单质投入到水中也会发出紫红色的火焰,然后爆炸开来,危险程度比钠还要高。

紫色是钾的焰色反应。钾容易变成离子,在大自然中往往以化合物的形式存在。

花岗岩。花岗岩的构成矿物是石英、长石、云母,其中,长石含有大量的钾元素。照片中为大家展示的就是长石所含比例较高的花岗岩。

草木灰的主要成分是碳酸钾和碳酸钙

钾的语源前面已经提到了,分别来自于阿拉伯语和英语的"海藻灰"这个词。因为在植物中就含有大量的钾元素。植物的三大营养元素就是氮元素、磷元素和钾元素。所以,化肥中经常会有氯化钾、硫酸钾等化合物。

植物在燃烧之后,碳元素、氢元素和氧元素转变为二氧化碳和水,而氮元素的化合物又会跑到空气中去,最后剩在草木灰里的就是碳酸钾和碳酸钙了。

低钠食盐。食盐中的氯化钠减半,而减半的这部分换成氯化钾即可。通过这种方式可以减少高血压发生几率。

硝酸钾是烟花与火药的原料

烟花的主要成分是硝酸钾、硫磺、木炭粉的混合物(黑色火药)。硝酸钾是无色的晶体或者白色的粉末,加热之后会分解产生氧气。

水温越高,一般物质的溶解度就会越高。在高温下溶解硝酸钾,然后慢慢降低温度就会得到硝酸钾的晶体。

人体内有150g的钾

我们的身体中有大量的钾,如果按照70kg的体重来计算,那就有150g左右的钾。钾元素大部分都存在于我们的肌肉细胞中。细胞里的阳离子基本都是钾离子。钾离子与钠离子一同发挥着巨大的作用,例如传导神经元之间的信息,调整细胞内外的浸透压力差等。

钾-40具有放射性

钾原子一般都是钾-39(93.22%)或者钾-41(6.77%),它们都不具有放射性。可是,大约占0.01%的钾-40是具有放射性的。一个身体内有150g钾的成年人,其放射性钾-40的含量大概也就只有15mg。

钾-40的半衰期是12亿5千万年。地质学家常利用以钾-40的放射反应的"钾-氩测年法"测定地质年代。

钾-40主要是通过两种方式发出放射能。第一种是贝塔射线,然后变身为钙-40。钾-40原子的89%都是通过这种方式发出放射线的,而剩下的11%的钾-40原子则会放出伽马射线,然后变成氩-40。我们体内的钾-40原子也在一直发出放射能,每年因此产生的辐射剂量大概是0.2mSv(毫希弗)。

Ca

Calcium

20
Calcium
钙

金属钙的硬度较高，在空气中会与水分发生比较缓慢的化学反应。长时间放置之后，其表面会产生出一层氢氧化钙的白色薄膜，可以用于产生氢气。

钙 Ca	
原子量	40.078
熔点	842.0°C
沸点	1503.0°C

Calcium这个词来自于拉丁语的calcis（石灰）。

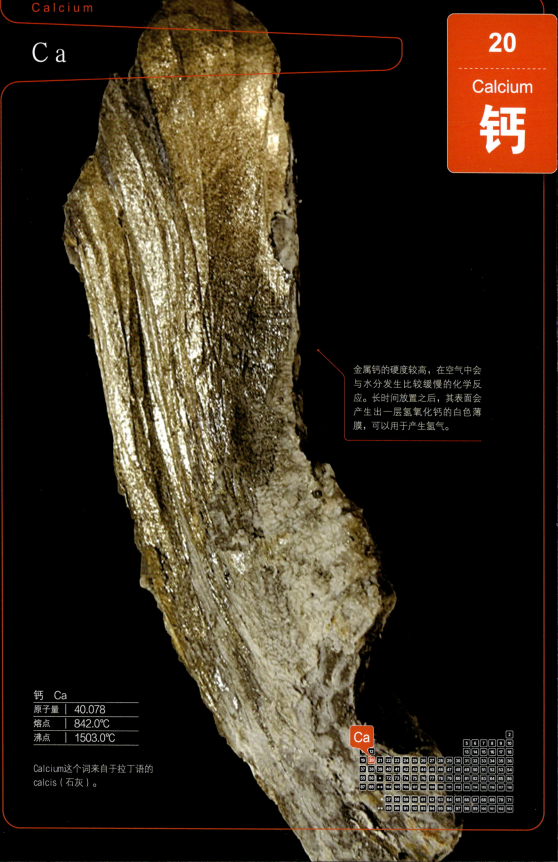

钙是银白色的金属

钙金属是银白色的，其化学性质活泼。在空气中钙很快生成氧化钙，氧化钙与水反应生成氢氧化钙。钙与冷水反应就能生成氢气。虽说当我们听到"钙"这个词的时候，头脑中会自动将其与白色联想起来，但实际上它的化合物才是白色的。

钙属于第ⅡA族（位于第2纵行），这一族的元素称为碱土金属。这一类金属与水反应会生成氢氧化物，每一种都是碱，碱性弱于同周期的碱金属。

骨骼。脊椎动物的骨骼中就含有大量的羟基磷灰石，钙就是其中的主要成分。在普通的生物体中，这样的化合物的坚硬度是最高的，可以协助动物完成各种运动，并保持姿态。

骨骼和牙齿的主要成分

石灰石、石膏、方解石等地壳中的主要成分里有钙，而骨头、牙齿、躯壳等生物体的主要成分里也有钙。在我们的身体中，含量最多的金属离子就是钙了。不管是骨骼和牙齿里，还是细胞和体液中，钙都发挥着非常重要的作用。在生物体内大约含有1kg左右的钙，其中99%是在骨骼和牙齿里，还有1%是在血液和细胞中。

骨骼是支撑人身体的重要结构，而这里又是钙的存储库。血液中的钙含量降低，骨骼中的钙就会转移到血液中用以补给，剩下的钙继续存储在骨骼中。

碳酸钙、水与二氧化碳会形成碳酸氢钙，进而溶解到水里，这就是钟乳石形成的原理。

石灰、生石灰、石灰石、消石灰

我们身边的物质中钙含量最高的可能就是"石灰"了。狭义上来说，石灰指的是生石灰，而广义上则包括石灰石、消石灰在内的全部物质。

天然的石灰石是由碳酸钙构成的，也是水泥的原材料之一。鸡蛋壳的主要成分就是碳酸钙。当高温加热石灰石之后，其会放出二氧化碳，然后变成生石灰（氧化钙）。在生石灰中加水，生石灰就会开始放热而变成消石灰，也就是熟石灰石（氢氧化钙）。

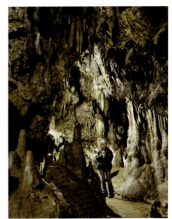

钟乳洞。天然的碳酸钙岩石就是石灰岩，在水与二氧化碳的作用下会形成可溶于水的碳酸氢钙。然后就会从洞窟的顶部滴下来，从而形成钟乳石。在钟乳洞里，我们可以看到许多悬挂在洞窟顶部的石头，在地面上还有许多称之为"石笋"的钟乳石。这些都是碳酸氢钙在溶解之后滴落，然后又从水中沉淀下来的结果，这样的景观需要非常长的时间才能形成。

生石灰常常用作干燥剂使用

熟石灰过去曾用于在广场上划线，不过由于其碱性强，在进入伤口或者眼睛之后很危险，所以现在一般使用的都是石灰石（碳酸钙）的粉末。

Scandium

Sc

21
Scandium
钪

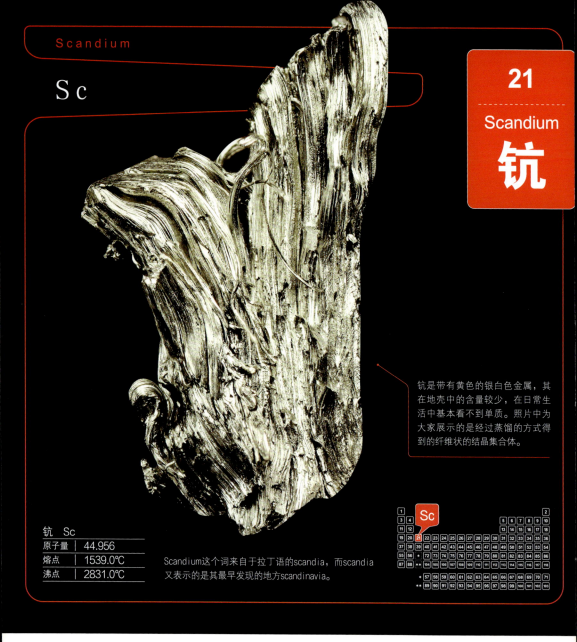

钪是带有黄色的银白色金属，其在地壳中的含量较少，在日常生活中基本看不到单质。照片中为大家展示的是经过蒸馏的方式得到的纤维状的结晶集合体。

钪	Sc
原子量	44.956
熔点	1539.0℃
沸点	2831.0℃

Scandium这个词来自于拉丁语的scandia，而scandia又表示的是其最早发现的地方scandinavia。

稀土元素的前锋

钪是银白色的软金属。

碘化钪是水银灯的一种材质，这种类型的灯都统称为金属卤化物灯，在发光之后得到的光线很强。此外，如果在钪中添加铝，就会得到强度很高的合金。不过，钪的使用范围目前还不算很广，还比较容易被大家忽视。

属于稀土类（稀少物质）的元素总共有17种，除了第IB族（位于第3纵行）的钪和钇以外，还包括统称为镧系元素的15种元素。它们的化学性质都非常接近，分离起来比较困难。因此人类发现稀土元素的过程耗时较长。

稀土元素一般都具有非常优良的化学性质和物理性质，可以在许多场合中使用。特别是计算机、信息通信等领域中的电子材料，汽车的排污净化催化剂等方面的效能显著。

Ti

22
Titanium
钛

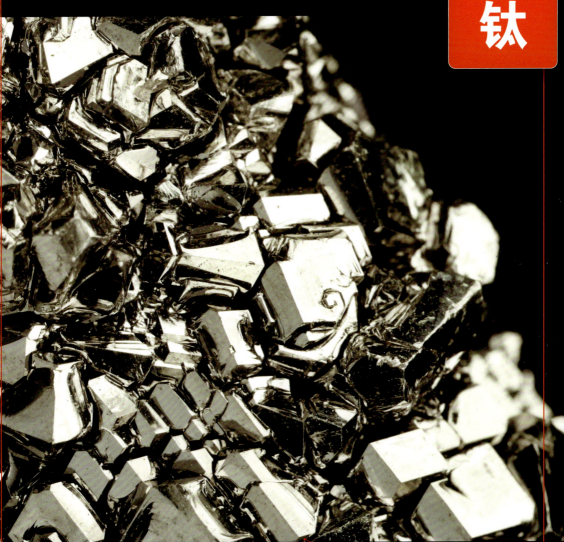

钛是带有黑色荧光的银色金属,其密度较小,但是强度却很高。照片中为大家展示的是高纯度的钛元素形成的钛结晶的集合体,通过碘化钛的热分解而得到的产物。

钛	Ti
原子量	47.867
熔点	1666.0℃
沸点	3289.0℃

Titanium这个词来自于希腊神话中巨人Titan。

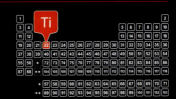

轻便、结实、不生锈、肌肤不过敏

钛是带有黑色荧光的银色金属，其密度介于铁和铝之间，是铁密度的60%左右。

同等质量的钛和铁，钛的机械强度是铁的大约两倍，是铝的大约六倍，因此是质量很轻强度又很高的金属。

钛与盐酸、硫酸等腐蚀性物质都不太容易发生反应，在海水中也一般不会生锈，具有极强的抗腐蚀的能力。另外，其熔点较高，耐热性也很好。

也就是说，钛本身的三大优点可以概括为：轻便、结实、不生锈。

此外，钛也不会让人产生过敏。因此，直接与肌肤接触的用品、医疗用的人工关节、牙齿根部的植入器等，很多地方都大量使用了钛。

地壳中存在元素的前十位排名如下：

氧元素46.6%、硅元素27.7%、铝元素8.1%、铁元素5.0%、钙元素3.6%、钾元素2.6%、镁元素2.1%、钠元素1.8%、钛元素0.4%、磷元素0.1%。

在九十多种天然元素中，钛元素在地壳中的含量排名第九，说明其在地壳中的含量还是很高的。不过，钛元素一般是与氧元素结合形成化合物，以化合物的形式存在于地壳中。而且，钛元素化合物的结合情况都比较紧密，要想提炼出纯的钛难度很高。为此，真正开始大量使用钛已经是在1948年以后了，最初完成这项工程的是美国。

其实，我们生活中也有许多钛的应用。例如眼镜框、手表、机械零件等。

钛的颜色

如果是单质的钛，其颜色为银白色。不过，由钛制成物品的颜色却并不统一。

钛单质的表面会有一层薄薄的氧化膜。氧化膜的厚度不同，就会折射出阳光中的不同光谱，因此，钛的表面可能会呈现出灰色、棕色、红色、蓝色、绿色、黄色、粉红色、红色等等各种各样的颜色。这层氧化膜的耐腐蚀能力很强，并且色彩鲜艳，哪怕是在淡水、药品、海水等中也不会生锈。可以说，钛基本可以一直保持美丽的色泽。

二氧化钛作为白色颜料或者光催化剂使用

纯度较高的二氧化钛是纯白色的。其化学性质稳定，安全性很高，所以可以用作白色颜料，或者加入到防晒的化妆品中。此外，它还具有光催化剂的性质。

二氧化钛的光催化剂特性让其拥有了净化瓷砖、窗户玻璃、墙壁等的作用。如果将二氧化钛涂抹到上述的物体上，那么在阳光照射的到的地方，其光催化剂的性质就会发挥出来，将物体表面的尘埃、污渍、细菌等有机物分解掉。

在紫外线的照射下，钛与水会产生奇妙的反应。如果将一滴水滴到金属钛上，在紫外线的照射下，水滴会变成均一厚度的平面。因此，强氧化能力无法分解掉的大型的污渍等，只要在上面加上水，然后水就会覆盖在物体表面，从而起到清洁污渍的作用。

二氧化钛还用作墙壁的清洗剂、浴室的防雾剂等。

锐钛矿（锐锥石）。二氧化钛具有三种结晶结构，分别是：金红石、锐钛矿、板钛矿。其中，锐钛矿作为光催化剂的活性是最强的，如果希望进行光分解，那就可以在物体表面涂抹锐钛矿粉，钛矿也大量地在太阳能电池板上使用。照片中为大家展示的就是锐钛矿的结晶。

使用金属钛的手表。使用了金属钛的产品都比较轻，而且强度很高，接触人体的皮肤也不会产生过敏。因此，金属钛常常用在手表边框、手表零件上。

化妆品。纯的二氧化钛粉末是白色的，其沾黏能力也很强，时常作为白色颜料、涂料、防晒霜、化妆品的原料。

Vanadium

V

23
Vanadium
钒

钒是颜色比较暗淡的银色金属，一般来说都是在合金中使用。高纯度的钒是通过电解溶解盐的方式精制而来，最后得到了钒的结晶集合体。钒在空气中会缓慢地与氧气发生反应。

钒	V
原子量	50.942
熔点	1917.0℃
沸点	3420.0℃

Vanadium这个词来自于斯堪的纳维亚的美神维纳斯（Vanadis）。因为钒可以构成各种美丽的化合物。

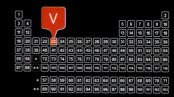

海洋生物体内浓缩有钒

钒是质地比较柔软，切面比较暗淡的银色金属。为了增加钢的强度，我们可以将钒加入其中。在钛中加入钒也可以进一步减轻其重量，而且提升其抗腐蚀的能力，钒很多时候是在飞机或者宇宙飞船中使用。

而一些海洋生物，比如海蛞蝓、海兔等，它们的体内都有浓缩的钒。例如海鞘，它生活在大海的浅海海域，是无脊椎动物，日本人在夏天的时候常常会吃海鞘的料理，又称之为"海菠萝"。在某一种特别的海鞘身体的血液中储存有大量的钒。被吸收到细胞内的钒甚至是海水中钒浓度的数千倍到数万倍。这个品种的海鞘直接命名为"钒海鞘"。该生物的体内之所以能储存如此高浓度的钒，主要是由于其本身特别的细胞构造所致。

人体内却少有钒

老鼠或者小鸡如果体内的钒含量不足，就容易出现生长缓慢的情况，并且生殖机能还会衰退。所以，钒是生物体生长的必须元素之一。如果一个成年人按照70kg的体重来计算，其体内的钒含量大概是0.11mg。虽然含量并不多，但是却是必须的元素。

含钒比较多的食物包括蛤蜊、羊栖菜、海苔、扇贝、海鞘、沙丁鱼、虾、蟹、蘑菇、香菜、黑胡椒等等。

动物实验发现钒可以降低血糖值

在动物实验中，科学家给患有糖尿病的小白鼠喂食钒和食盐，之后发现它们的血糖值都有了很明显的下降。

日本的国立健康营养研究所数据库中有关"钒"的部分是这样介绍的：糖尿病患者如果每天服用125mg的偏钒酸钠或者100mg的硫酸钒，其胰岛素的活性会增加，最后血糖值也会降低。不过，如果长期摄食钒却并不一定是安全的事情，由此产生的副作用需要进一步验证。

此外，该数据库中还提到：钒有促进脂肪燃烧、降低血糖值、降低胆固醇、降低血压、改善便秘等作用。不过，关于在人体上的效果还没有得到进一步的验证。关于其安全性，目前的研究表明适当的摄取是不会危害到人体健康的，不过如果过量摄取就可能会影响身体健康。

现在的一些营养品和运动饮料等里面也添加了一定的钒。不过大家要记住，虽然钒通过普通的食品进行摄入对人体是不会产生危害的，不过，如果是作为营养品摄入，就可能会出现摄入过量的情况，因此具有一定的危险性。同时要切记，五氧化钒是有毒的。

钒铅矿。钒铅矿是橘黄色的，六角形柱状结晶的集合体，其中还有铅的氧化钒化合物。而钒的化合物一般都是橘黄色的或者绿色的。

海鞘。在钒海鞘的血液中储存的钒，其含量是海水浓度的数千倍甚至是数万倍。正是由于其高浓度的钒含量才将其命名为"钒海鞘"。

钒钢工具。含有钒的钢机械强度很大，耐磨损的性能也很强，常常用于工具制作，特别是铬钒钢。

Chromium

Cr

24

Chromium

铬

铬是银色坚硬却比较容易破碎的金属，通常状态下是不会存在单质铬的。一般在生活中作为合金的原材料来使用。在精炼铬的时候，一般是通过电解氧化铬的化合物来获得，在电机上会附着许多铬的结晶集合体。

铬	Cr
原子量	51.996
熔点	1857.0°C
沸点	2682.0°C

Chromium这个词来自于希腊语的chroma（颜色）。因为氧化铬的色彩非常多变。

镀铬与不锈钢

铬是很坚硬的白色金属,其金属光泽非常漂亮,而且很耐磨,也不容易生锈,所以常常在金属上镀一层铬。

为了增加钢材的强度,我们可以在钢中加入铬。这个步骤在钢材的冶炼中很重要。而不锈钢,其实就是在铁中加入了铬和镍。

"不锈钢",也就是"不会生锈的钢材",也就代表了这种钢材是几乎不会生锈的。

虽然说的是"不锈钢",但是并不代表它完全不会生锈,只是,钢材中的铬与氧气和水发生反应之后会生成一层铬的金属锈覆盖在钢材表面。这层锈非常的细密(包裹得很严实),因此哪怕是继续接触氧气和空气也不会发生进一步的锈蚀。

所以说,在钢材中加入铬就是通过"生锈"的方式来防止"生锈"。

不锈钢。在铁中加入了铬、镍等元素之后打造出来的强度很高且不会生锈的钢材。从锅碗瓢盆等餐具到更大规模的使用,不锈钢已经成为了我们生活中不可或缺的一种材料。

+6的铬是有毒物

铬的化合价一般是+3或者+6的,在水溶液中主要是+3的铬离子和+6的铬酸根,或者重铬酸根等,它们都可以与各种金属和分子进行进一步反应。不过,许多铬化合物都有毒性,特别是+6铬具有很强的氧化性,毒性也很高。

铬榴石。包含了+3铬离子的化合物会呈现出鲜艳的绿色,而包含了+6铬离子的化合物则呈现出黄色或者**橘**黄色。照片中为大家展示的是含有铬的铬榴石(石榴石),是非常美丽的绿色结晶集合体。

世界卫生组织(WHO)的下属机构国际癌症研究中心的研究表明,+6铬被分类为"第一族群"(第一族群的物质比较容易诱发癌症)。+6铬作为涂料或者电镀的原料来使用,不过,由于使用不当,可能会对工作者的皮肤和鼻黏膜造成损伤,甚至会出现溃烂、肺癌等疾病。

+6铬的泄露可能会造成土壤或者地下水受到污染。由于+6铬是具有毒性的,根据《人体保护环境标准法》的规定,当1L水中含有0.05mg的+6铬就算是超标了。

一些矿物质之所以会呈现出颜色,绿宝石的绿色、红宝石的红色等等,都是因为其中含有的一些杂质,如含铬离子显现出来的颜色。

红宝石、蓝宝石等都是氧化铝的透明结晶,这一类物质又被称作是"刚玉"。在刚玉中,由于微量的铬而显现出红色的宝石称之为红宝石,而其他剩余的则可以全部统称为蓝宝石。

Mn

25

Manganese

锰

锰是银白色的易碎金属,在潮湿的空气中会慢慢发生化学反应。将其置于房间外几个月之后,其表面会出现二氧化锰的化合物,呈现出黑色。通过电解反应可以精炼出金属锰。

锰	Mn
原子量	54.938
熔点	1246.0°C
沸点	2062.0°C

Manganese这个词来自于拉丁语的magnesia(磁石)。

电池的阳极活性物质——氧化锰

锰是坚硬但是易碎的银白色金属。将其添加到钢材中可以进一步提高钢材的硬度，而且便于加工。锰电池、碱电池的阳极中就有二氧化锰，作为阳极的活性物质（在阳极上接收电子的物质）。其构成主要是二氧化锰。

锰结核

世界各地的深海里都蕴藏着许多直径在1~30cm左右的锰结核（锰的团块）。其中还包括了铁、镍、钴、铜等的氧化物。其结构与树木年轮很相像，是随着时间的关系一层一层地往外增加的。

处于深海海底的这些矿物质和锰结核等都是未来资源的仓库，不过到底要如何回收利用这些资源目前还是一个技术难题。此外，海底的物质到底归属哪个国家也将是一个讨论的重点。

金属资源的分类：基本金属、稀有金属、贵金属

下面为大家介绍一下金属资源的分类。一般来说，金属资源大体上可以分为三类：基本金属、稀有金属、贵金属。

基本金属就是生产量、消耗量、埋藏量都比较大的金属，例如铁、铜、锌、铅、铝等金属。

而稀有金属则是除了基本金属和贵金属以外的，在现代工业中具有一些特别作用的金属，例如镁、钛、钴、锰等。不过，虽然是"稀有"金属，但并不代表它们的存在数量就一定很少。例如钛、锰等金属，在地壳中的含量都很大。它们除了在汽车、住宅、电气、电路、航空、宇宙飞船等领域中使用以外，还可以构成超导材料、形状记忆合金、储氢合金等，在IT、环境保护等领域也广泛使用。

菱锰矿。+2的锰离子具有独特的鲜艳粉色。菱锰矿就含有碳酸锰，是锰的化合物之一，其一般是用作装饰品。

稀有金属有一定的国际性统一标准，根据通常的解释，稀有金属指的是自然界中含量较少或分布稀散的金属，它们难以从原料中提取，在工业上制造和应用较晚，只在现代工业中有广泛用途。不过，稀土类（稀土）和稀有金属（稀少金属）的定义是不同的。稀土类的17种金属都包含在稀有金属中。

在空气中比较容易生锈的一般是基本金属，而在空气中能保持稳定状态，不会失去金属光泽的就是贵金属。装饰用的黄金、铂金、白银等都是代表性的贵金属。

干电池。二氧化锰是电池阳极部分活性物质的主要成分，其存在于锰电池、碱电池等中间，可以增强阳极吸收电子的功效。

Iron

Fe

26
Iron
铁

铁是地壳中鲜有的能以单质形态存在的物质，在宇宙空间中的含量也很多，有的时候甚至会以陨石（铁陨石）的形式降落到地球上。陨石中一般都含有镍，镍含量的不同影响了其晶体结构的不同。

铁 Fe	
原子量	55.845
熔点	1536.0℃
沸点	2863.0℃

Iron这个词来自于希腊语的ieros（强大），而元素标记Fe则来自于拉丁语的ferrum（铁）。

现代文明受铁的影响

铁是银白色的金属,它与钴、镍等都是代表性的具有强磁性的金属(可以附着在磁铁上)。人类在公元前5000年就开始使用铁了,而现代文明很大程度上受到了铁的影响。在地壳中,铁的含量排名为第四位,是地球上储存量最多的元素之一,地核的很大一部分就是熔化了的铁。

从建筑材料到日常用品,铁的使用范围都非常广。铁具有优良的合金(将两种以上的金属混合到一起的)性质,这也是其用途广泛的一个原因。铁中含有碳元素的比例在0.04%~1.7%的时候就称之为钢,钢是具有很强的韧度和强度的材料。

磁铁矿。铁氧化物,被称之为铁素体的+2铁和+3铁的混合矿物质,一般用来提炼出铁。其中含有一定的岩石成分,在风化之后会变成"铁砂",容易吸附在磁铁上。

从制铁到制钢

铁矿石分为好几种,不过其中都一定含有铁和氧的化合物。

从铁矿石中将铁提炼出来的过程就是铁的精炼过程,也就是要将氧化铁中的氧元素去除掉(还原反应),这个过程又被称作是"制铁"或者"制钢"。

制铁一般来说分为两个过程,如果包含最后的加工,那就是三个过程。第一步,在熔炉中初步提炼出铁(炼铁),第二步是将炼铁得到物质中的碳素进一步减除,也就是制钢,第三步就是进行压制加工。

在炼铁的步骤中,使用的一定是内侧带有抗高温物质的熔炉(高温炉)。熔炉中有铁矿石、焦炭、石灰石,然后将高温的空气不停供给到熔炉中,从而使之发生化学反应。焦炭是将煤在隔绝空气条件下加强热得到的。熔炉中的氧化铁在焦炭的作用下会生成一氧化碳,进而在一氧化碳的促进下进行还原反应。

经过了这个步骤之后得到的铁中一般含有大量的碳,属于不是很纯的铁的状态。一般来说,稍微纯一些的铁块会在熔炉的底部,而上方漂浮的则是不纯的物质。这些不纯物质一般是由二氧化硅在化学反应之后形成的硅酸钙,可以用于制作水泥、砖瓦等建筑材料。

既然铁块中还含有大量的杂质,那么就要将其中的磷、硫等物质去除掉,然后进一步地通过氧气将其中的碳元素消耗掉,从而得到钢材,也就是制钢的步骤。

镀锌铁皮和镀锡铁皮

在钢材的表面镀上的一层锌是镀锌铁皮,而镀上一层锡则是镀锡铁皮。

镀锌铁皮可以长期在室外使用。其外部镀上的一层锌会比铁更加容易产生氧化反应,在其氧化了之后就会保护铁。这样的钢材,哪怕是外部受损或者熔化了,其内部的铁都会得到保护,在很长时间内都可以保持铁的状态,因此可以延长钢材的寿命。所以说,在修建房屋的屋梁,作为屏障等来使用的时候都经常会使用到镀锌铁皮。哪怕是在多雨的恶劣环境中也能坚持很长时间。

镀锡铁皮外表的锡,其抗腐蚀的能力比铁还要强,因此,只要是外表不受损,那么钢材就基本不会发生氧化反应。不过,如果钢材受损,那么内部的铁就比较容易发生化学反应,然后慢慢地变成铁离子。不过,铁离子本身对人类是没有伤害的,所以镀锡铁皮的方式主要在使用时间较短、且人类接触较多的物体上使用,例如茶壶、罐子等。

Cobalt

Co

27

Cobalt

钴

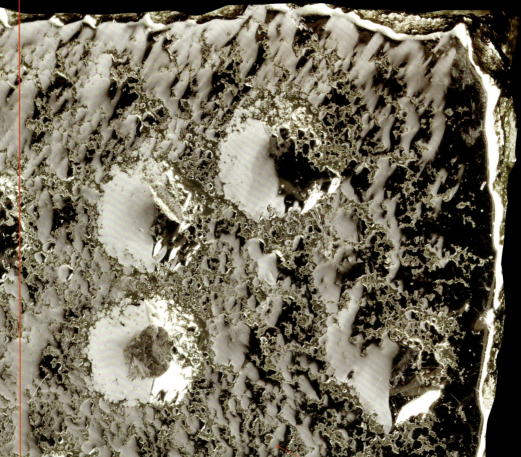

钴是银白色的性质稳定的金属，具有很强的磁力。照片中为大家展示的是经过了电解精炼的纯的钴单质，是其结晶的集合体。

钴	Co
原子量	58.933
熔点	1495.0℃
沸点	2930.0℃

Cobalt这个词来自于德语的kobold（地中的妖精）。

电脑与飞机中的钴

钴是银白色的金属,其具有很强的磁力(容易吸附在磁铁上)。电脑中硬盘等材料等都使用了大量的钴,主要就是因为其强磁力的性质。

钴与镍、铬、钼等组成的合金在高温下的强度也很大,飞机、燃气轮机中都有使用。

钴化合物的多种色彩

在公元前2000年开始,人类就在使用含有钴化合物的颜料了。

钴染色玻璃中漂亮的蓝色的颜料就是由钴与铝的氧化物构成的,是具有代表性的颜料之一。而钴的化合物一般都具有非常艳丽的颜色。

氯化钴在没有溶于水的时候是蓝色的,而溶于水之后是粉红色或者红色的。

在食用干燥剂的硅胶中加入氯化钴之后,在没有水分的时候是蓝色的,而吸收了水分之后就变成粉红色了。

钴染色玻璃。将钴的化合物加入到玻璃中就成为了硅酸钴,有非常美丽的蓝色。而"钴蓝色"这种色彩就经常在玻璃、陶瓷的上釉中使用。照片中为大家展示的是结核菌素注射器。

理发剪刀。钴单质一般都不会直接使用,大部分都是将其添加到铁等元素中制成合金之后再使用。加入了钴的钢材不容易生锈,具有很强的延展性,经常用作理发剪刀等工具的制作中。

钴花。钴花是天然存在的钴资源,一般在砷元素的生产中会出现,在地表附近会分解,然后产生出砷氧化钴。砷氧化钴是粉红色的矿物质,用来判断是否存在钴矿。

Nickel

Ni

28
Nickel
镍

镍是带有一点黄色的银色金属，其抗氧化性较强，化学性质稳定，常常用来制作硬币、输送天然气的管道等。在电解之后，会在电极上堆积许多的精炼的纯的镍单质，然后再取下来进一步加以利用。

镍	Ni
原子量	58.693
熔点	1455.0℃
沸点	2890.0℃

Nickel这个词来自于德语的Kupfernickel（恶魔的铜）。

1元人民币是钢与镍的合金

镍是银白色的金属，具有很强的磁力（容易吸附在磁铁上）。其表面有光泽，耐腐蚀性较强，往往用于电镀的金属。镍与铬都常常用在不锈钢的制造上。我国现行的第四套人民币中，1元人民币为钢芯镀镍。

此外，充电电池的电极材料中也使用了镍（镍氢干电池、镍镉干电池）。

镍氢干电池。镍氢干电池是体积较小的干电池，使用的范围很广。以前使用的是镍镉干电池，但是镉对人体有害，所以慢慢就淘汰了，开始广泛使用镍氢干电池。

镍针矿。镍的地下资源比较丰富，其中含有较多的硫化物，而硫化铁中一般都含有少量的镍，不过，偶尔还是可以看到非常纯的硫化镍。一些矿山附近出产的硫化镍是针状的，就好像是一根根黄金的针一般。

引发金属过敏的镍

镍是可以引发金属过敏的金属元素之一。

所谓的金属过敏就是人体因为金属制品或含有金属的制品而引起的过敏反应。在牙科或者装饰品（耳环、项链、手表带等）上可能会发生金属过敏的情况。金属直接与皮肤接触之后，在唾沫、汗液等作用下会成为金属离子，然后被身体所吸收，最后出现过敏反应。

容易出现金属过敏的材质在牙科上一般都不会使用。例如被称之为牙科橡胶的物质（来自于希腊语的"柔软的"）中的水银就容易出现金属过敏。

Cu

29

Copper

铜

铜是非常独特的带有一丝红色的金属，其导电和导热的能力都很强，是人类不可或缺的金属元素。

铜	Cu
原子量	63.546
熔点	1084.5℃
沸点	2571.0℃

Copper这个词来自于拉丁语的cuprum（塞浦路斯）。在罗马时代，塞浦路斯岛附近生产铜。

重要性仅次于铁的铜

铜是质地比较柔软,带有一丝红色的,具有金属光泽的金属。在公元前3000年开始人类就在使用精炼的铜了。现在,其重要性仅次于铁,是人类生活中非常重要的金属原料。

铜的导电性很强,仅次于银,位列第二位。此外,其导热能力也不错。

在室温下,铜的导电能力是银的94%左右,而其成本却要低许多,所以在电气的配线、零件、电路、电线等上面都大量地使用铜作为原材料。

铜具有美丽的光泽和色彩。其光辉常常用在建筑物上,在经过一定的时间之后,铜的表面会出现蓝绿色的铜锈,这层保护膜防止了进一步的氧化过程。因此,在屋檐上等需要防雨的地方也可能使用到铜。

铜与许多金属还可以构成合金,其利用范围是非常广的。

中国现行的第四套人民币中,5角硬币使用的是钢芯镀铜合金。

黄铜矿。黄铜矿中含有大量的铜,是比较有代表性的铁和铜的硫化物。其呈现出金色结晶,许多铜矿山都是开采出黄铜矿。

硬币。铜在硬币中也时常使用。照片中展示的是使用钢芯镀铜合金制作的5角人民币。

电解的方式精炼铜

铜矿石中最主要的就是黄铜矿。其中含有铜、铁和硫的化合物。

在制铜的过程中,需要从黄铜矿中提炼出纯度为98%~99%的粗铜。粗铜中仍然含有许多杂质,因此需要使用电解的方式将粗铜放于阳极,而纯铜就会在阴极聚集。

粗铜通过电解的方式可以提炼出99.99%的纯铜。电解方式获得的铜也被称作是电解铜。

青绿色的铜锈。铜与水或者二氧化碳反应之后就会生成青绿色的铜锈。以前的人们认为铜锈含有剧毒,不过现在科学证明铜锈基本没有毒性。自然界有一些生物非常喜欢铜元素,会在有铜的地方聚集生长,例如一些苔藓植物等。

Zinc

Zn

30

Zinc

锌

锌是带有一丝蓝色的银白色金属，切割起来比较容易，其断面会有明亮的光泽。

锌 Zn	
原子量	65.38
熔点	419.6℃
沸点	907.0℃

Zinc这个词来自于德语的Zinken（叉子的尖端）。锌在熔炉中会沉在下方。

锌锰干电池和碱性电池的负极

锌是带有一丝蓝色的银白色金属，常常在锌锰干电池或者碱性电池的负极使用。

在铁的表面镀上一层锌的方式就是镀锌铁皮，甚至可以在这层镀锌上看到一些锌的结晶纹路。

锌与铜的合金就是黄铜，加工起来很简单。一些国家的硬币或者金属管弦乐器上都大量使用这种合金。例如铜管乐队这个词，其实就是因为以前使用的乐器大部分都是铜的合金做成的，所以命名为"铜管乐队"。

闪锌矿。闪锌矿是比较有代表性的锌矿石。纯度较高的闪锌矿会呈现出黄色或者绿色，如果含有的铁元素较多就会出现银色。由于其光泽和外形都很美，所以真结晶往往作为宝石来使用。

氧化锌是白色颜料

氧化锌常常作为白色颜料来使用，例如画画的颜料等。

此外，锌还可能在外用的医药品中使用。

化妆品中也含有氧化锌的一些白色粉末，有的时候也使用碱式碳酸铅。但是，铅中毒之后会引发胃肠疾病、脑炎、神经麻痹等，甚至会致死。一些的传统艺术中，有的演员需要使用白色粉末涂抹自己的脸部和身体，因此更加容易引发铅中毒。之后，艺人们放弃使用碱式碳酸铅，进而使用安全的氧化锌来替代，这个决定可以说具有划时代的意义。

大阪石。这是在日本的大阪府附近发现的矿石，在一个非常古老的矿山隧道中发现的。这是锌的水合碱式硫酸化合物，第一次是在1999年发现的。

生物体的必须元素

锌对于人类、动物乃至植物来说都是必须的生命元素。如果缺锌可能会引起发育不良、生殖功能出现障碍等。此外，还可能会引起味觉的障碍。

Gallium

Ga

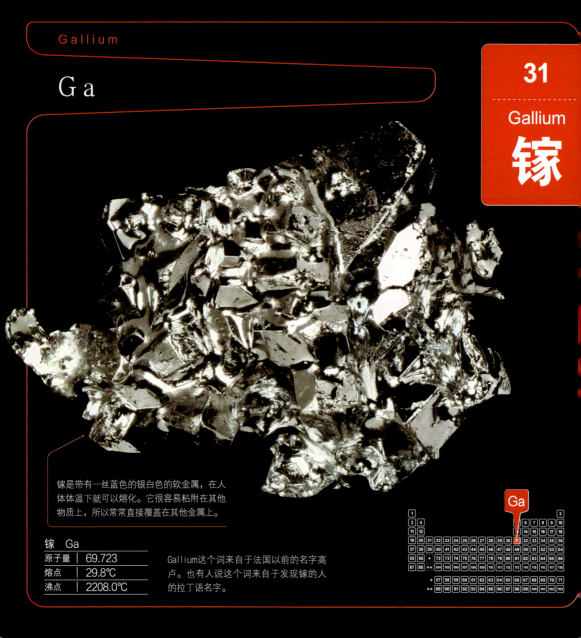

31

Gallium

镓

镓是带有一丝蓝色的银白色的软金属,在人体体温下就可以熔化。它很容易粘附在其他物质上,所以常常直接覆盖在其他金属上。

镓	Ga
原子量	69.723
熔点	29.8℃
沸点	2208.0℃

Gallium这个词来自于法国以前的名字高卢。也有人说这个词来自于发现镓的人的拉丁语名字。

镓在夏天会成为液态

　　镓是银白色的金属,其熔点是29.8℃左右,在金属中仅高于水银和铯,甚至在炎热的夏天都会直接熔化成液体。

半导体的重要材料

　　镓很多时候还用在半导体上,是电脑、手机等制作中不可或缺的原材料。其中,氮化镓还是蓝色发光二极管的材料。而蓝色发光二极管在LED等上的应用非常广泛。

　　砷化镓(俗称为镓砷化合物)在红色发光二极管中使用也很多,在半导体激光中也有使用。

Ge

32
Germanium
锗

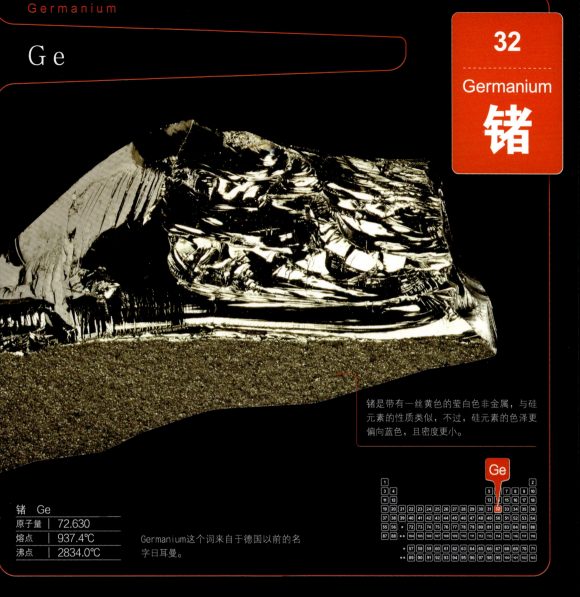

锗是带有一丝黄色的莹白色非金属，与硅元素的性质类似，不过，硅元素的色泽更偏向蓝色，且密度更小。

锗 Ge	
原子量	72.630
熔点	937.4℃
沸点	2834.0℃

Germanium这个词来自于德国以前的名字日耳曼。

早期的半导体材料

锗是银白色的半金属物质（介于金属与非金属之间）。早期的半导体使用的就是锗，不过，后来发现硅元素的稳定性与性能都比锗元素更高，因此慢慢就用硅来替换了锗。现在，一部分半导体材料、检测仪器和放射性仪器的材料还在使用锗。

注意伪科学

在许多的所谓健康仪器上都写着："锗可以提升新陈代谢的功能。"不过，锗是否具有这个功效并没有得到科学验证。

无机锗和有机锗都是禁止食用的。20世纪70年代，有人曾经因为服用了含有无机锗的所谓健康食品而毙命。哪怕是有机锗，食用之后也会引发健康问题，甚至会造成死亡。一定要引起注意。

Arsenic

As

33

Arsenic

砷

砷有好几个同位素，其中灰色的砷的稳定性是最强的。其表面是银白色的菱形结晶，比较纯的时候是银色的，在空气中氧化了之后就会变成黑色。

砷	As	
原子量	74.922	
熔点	817.0℃	（升华）
沸点	603.0℃	（36个大气压）

Arsenic这个词来自于希腊语的Arsenics（剧毒），也有一些别的语源说法。

"愚人的毒药"

砷的同位素的单质会呈现出灰色、黄色和黑色三种。其中，灰色的砷的稳定性是最强的，而且具有一定的金属光泽。所以，有的时候也称之为金属砷。

砷在自然界中的分布较广，许多矿山都出产砷。自古以来人类就知道砷是有剧毒的元素。

砷的化合物中，让人印象最深的可能就是三氧化二砷（As_2O_3）（也被称作砒霜）。在过去，曾经出现过许多由于三氧化二砷而引发的中毒事件。自古以来，人们就将砷等同于"毒药"，在许多推理小说或者舞台剧中，砷都是作为毒药来使用的。日本的和歌山地区曾发生毒咖喱事件，其中的毒质就是砷。

由于砷比较容易检测出来，所以又被戏谑地称之为"愚人的毒药"。在毛发、指甲中都容易残留砷，所以只要化验一根毛发就可以检测出是不是砷中毒了。

Selenium

Se

34

Selenium

硒

硒有几个同位素的单质，其中灰色的硒是最稳定的。灰色的硒单质呈现出比较暗淡的银色，是六角圆柱形的结晶。照片中为大家展示的是从德国的矿山中开采出来的灰色硒单质的柱状结晶。

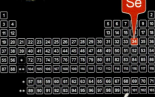

硒	Se
原子量	78.971
熔点	220.2℃
沸点	684.9℃

Selenium这个词来自于拉丁语，是月亮的意思。碲元素的名字来自于拉丁语的地球，而硒又在其元素周期表的上方，所以，命名为代表月亮意思的拉丁语"硒"。

具有光电导性质的硒

硒有几种单质，其中最稳定的是灰褐色金属硒的单质（灰色硒）。硒具有光电导的特性，就是说在光线的照射下，其导电能力会大幅增强。

由于硒的这个特性，所以复印机中使用的硒鼓就是借助了在光线下导电性增强的特性。

此外，照相机的曝光表、遮光玻璃的着色原料中也使用了硒，但是，由于硒具有一定的毒性，所以现在已经在研发新的材料来替代了。

硒在人体内还担当了重要的角色，它可以起到抗氧化的作用。许多营养品里面都含有硒，但是注意不要摄取过量。

复印机的硒鼓。硒在光线下的导电性会增强，许多时候在相机、复印机中都有使用。

Bromine

Br

35

Bromine

溴

溴的单质在室温下是红褐色的液体，蒸发之后会变成褐色的气体。其具有刺激性，且有毒性。并且，溴的腐蚀能力很强，可以与许多金属进行反应。

溴	Br
原子量	79.904
熔点	−7.2℃
沸点	58.8℃

Bromine这个词来自于拉丁语的Bromos（恶臭）。

常温下为红棕色的液态物质

在元素周期表中有两个元素的单质在常温下是液态，一个是水银（汞），一个就是溴了。溴具有刺激性的味道，有剧毒。如果在铁罐里存放溴，然后在外面再套上一个玻璃瓶，很快就会看到溴从铁罐中挥发出来，将铁罐腐蚀得坑坑洼洼。

溴的化合物不容易燃烧，所以飞机、火车的内部装饰材料中使用了许多的溴化合物。其中，溴化银是很好的感光材料，在照片中使用较多。使用了溴化银的相纸又被称作是溴纸。也就是说其中含有溴化物（溴与其他物质的化合物）。许多明星的写真集中的相纸都使用了这种溴纸。

溴在与碳发生反应之后会形成很稳定的化合物，而且其分子结构也会发生很大变化，因此在医药品、农药中使用比较广泛。

Kr

36
Krypton
氪

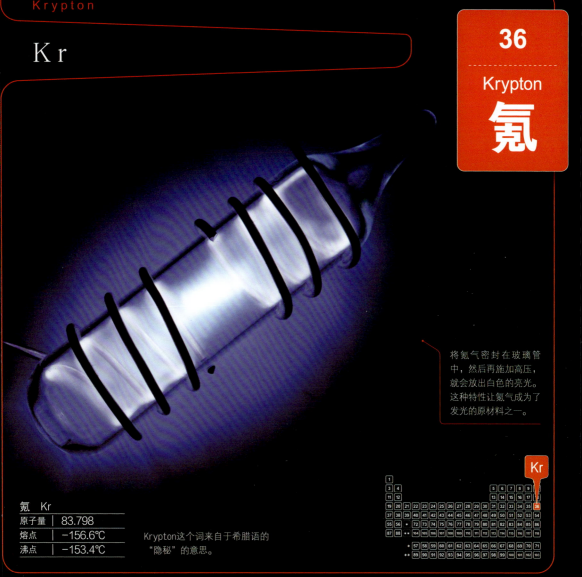

将氪气密封在玻璃管中，然后再施加高压，就会放出白色的亮光。这种特性让氪气成为了发光的原材料之一。

氪	Kr
原子量	83.798
熔点	−156.6℃
沸点	−153.4℃

Krypton这个词来自于希腊语的"隐秘"的意思。

氪气电灯比普通电灯寿命更长

  氪气是无色无味的气体。属于稀有气体。在空气中的含量仅有0.0001%（体积比），通过分馏液态空气的方式可以获得氪气。

  如果将氪气密封在灯泡中，就会发现其传热的能力降低了，因此热损耗就更小，可以降低灯丝的升华，从而提升其使用寿命。相比于普通电灯来说，使用氪气的电灯的使用寿命是其两倍左右，而其消耗的电力又可以降低10%左右。

  在氪气中，声音的传播速度是220m/s，比在空气中的传播速度要慢。因此，如果人体吸入了一定的氪气混合气体之后再发声，那声调听起来就要比平时要低一些。

  稀有气体的性质都比较稳定，不活泼。但是，氩气、氙气和氪气都有相应的化合物。

Rubidium

Rb

37
Rubidium
铷

铷是银白色、且熔点很低的碱金属。不过,其化学性质非常活泼。在空气中很容易与水和氧气发生反应,常常会因此发生火灾。

铷	Rb
原子量	85.468
熔点	38.9℃
沸点	688.0℃

Rubidium这个词来自于拉丁语的"深红色"的意思。

原子钟里的铷

铷是质地柔软的银白色金属,与钠一样位列碱金属的行列,与水会发生激烈的反应。

铷-85是没有放射性的,不过,其同位素铷-87却有放射性,在放出电子之后会变成锶-87。而锶-87的半衰期是488亿年,非常得长,因此在谈论它的半衰期时都直接以"亿年"为单位,甚至使用这个特征来命名了一种测量方法,名字是"铷-锶年龄测量法"。地球和太阳诞生在46亿年以前,这个数据就是通过"铷-锶年龄测量法"得到的。

铷还在原子钟中使用,虽然与铯原子钟相比其精准度略低,但是比较小型,价格也便宜,所以适用范围很广。

Strontium

Sr

38

Strontium

锶

锶是质地柔软的银白色金属,在没有化学反应的时候是银色的,与空气中的水分和氧气迅速发生反应之后色泽就会消失。

锶	Sr
原子量	87.62
熔点	777.0℃
沸点	1414.0℃

Strontium这个词来自于其发现地的名称,苏格兰的Strontian地区。

红色的焰色反应

烟火。红色的烟火有的时候就是锶化合物的焰色反应。

锶是质地柔软的银白色,碱土金属的一种。其化合物添加到无色的火焰中会出现美丽的红色的焰色反应。因此,氯化锶也常常用在烟火中,或者红色的燃烧信号棒中。

锶与同属于碱土金属的钙的性质比较类似,在骨头、贝壳等物质中都存在。因此,生物体中其实是含有一定量的锶的。

人工合成的放射性同位素锶-90在核反应堆、核爆炸中使用。锶-90如果进入人体,就会替换掉骨骼中的钙,而且放射出来的贝塔射线又会让人体一直处于核辐射中,因此非常危险。

Y

39
Yttrium
钇

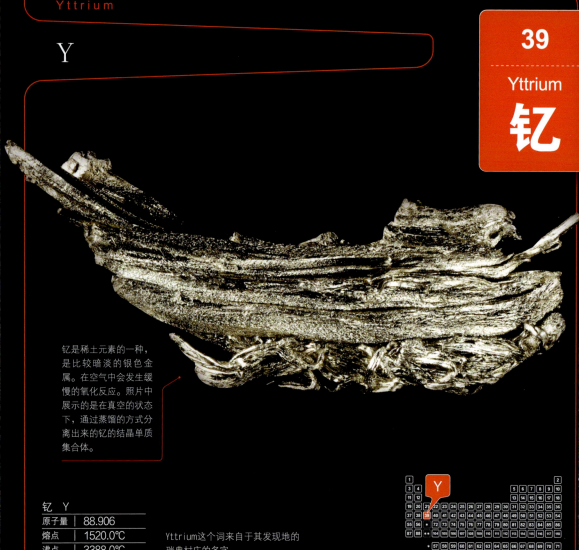

钇是稀土元素的一种，是比较暗淡的银色金属。在空气中会发生缓慢的氧化反应。照片中展示的是在真空的状态下，通过蒸馏的方式分离出来的钇的结晶单质集合体。

钇	Y
原子量	88.906
熔点	1520.0℃
沸点	3388.0℃

Yttrium这个词来自于其发现地的瑞典村庄的名字。

钇铝石榴石（YAG）。YAG是钇、铝、石榴石这三个词的英语单词首字母的缩写，是人工合成的石榴石。可以用于红外线激光的发生器中。

钇用于激光

　　钇是质地柔软的银白色金属，1794年在瑞典的一个村庄发现的黑色矿石中检测出了新的物质，其中一个就是钇。

　　钇与铝的氧化物形成的钇铝石榴石（YAG结晶）可以用作红外线激光的发生器中。这种激光可以切削金属。

Zirconium

Zr

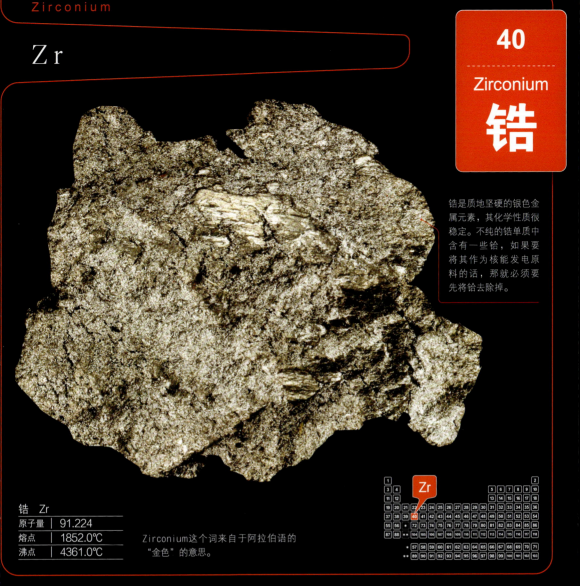

40

Zirconium

锆

锆是质地坚硬的银色金属元素，其化学性质很稳定。不纯的锆单质中含有一些铪，如果要将其作为核能发电原料的话，那就必须要先将铪去除掉。

锆 Zr	
原子量	91.224
熔点	1852.0℃
沸点	4361.0℃

Zirconium这个词来自于阿拉伯语的"金色"的意思。

用于精细陶瓷的氧化锆

核燃料的覆盖物。由于锆通过中子射线的能力很强，硬度也很高，所以常常用作核燃料的覆盖物。照片中为大家展示的就是核燃料的覆盖物（真品）与核燃料的模型。

锆是银色的金属，其耐腐蚀能力很强，在高温中硬度也很高，所以使用的范围也很广泛。

天然的金属中，锆是最难吸收中子的，因此在核反应堆中，常常使用锆来包裹核燃料。

锆的氧化物就是氧化锆，常常用在精细陶瓷（高性能的陶瓷）中。使用氧化锆制造出来的陶瓷有很强的强度，黏性也不错，常常用于制作陶瓷菜刀和剪刀等工具。锆具有金属的特性，但是却没有金属光泽。

Nb

41
Niobium
铌

铌是灰黑色的金属元素，质地坚硬。在进行精制的时候，在高温中将铌的化合物熔化，然后电解就可以获得。照片中为大家展示的是铌的结晶单质。

铌	Nb
原子量	92.906
熔点	2468.0℃
沸点	4742.0℃

Noibium这个词来自于希腊神话中坦塔罗斯王的女儿Niobe的名字。另外一种元素钽由于与其性质类似，所以很长一段时间人们都认为它们是同一种物质。因此，根据钽的语源Tantalus而造出了这个词。

超导体磁石

铌是质地坚硬的银白色金属。其作为金属单质存在的时候，在最高温度（大约2684℃）的时候会呈现超导状态（电阻消失，由于电阻的阻抗而产生的能量损失消失）。

此外，铌与钛的化合物还是超导磁石，是检测癌症、脑出血等的核磁共振装置（MRI）的原材料。此外，如果将其加入到钢材等其他金属中，可以提升它们的耐热性以及强度，是良好的金属添加剂。

石川石。这是铌与锶的氧化物构成的矿石，在花岗岩地带偶尔可以见到。其中含有少量的铀或者钍。

Molybdenum

Mo

42
Molybdenum
钼

钼是银色的密度很高的金属元素，在空气中会缓慢地氧化，然后变成带有黄色的化合物。照片中为大家展示的是电子束焊技术下分离出的钼的多结晶单质集合体。

钼 Mo	
原子量	95.95
熔点	2623.0℃
沸点	4682.0℃

Molybdenum这个词来自于希腊语的molybdos（铅）。

钼润滑脂。二硫化钼具有一层一层的结晶结构，可以用作固体的润滑剂使用。照片中为大家展示的是二硫化钼的粉末与油脂混合在一起的钼润滑脂。

合金钢材中的使用

  钼的熔点非常高（大约2620℃），是质地坚硬的银白色金属。

  在铁里面加入少量的铬、钼等金属之后就形成了铬钼钢，这种钢材具有很强的抗冲击能力，在自行车的框架上也经常使用铬钼钢。除此之外，还可以将钼与镍一同添加到不锈钢里，然后打造成各种各样的合金钢材。

91

Tc

43
Technetium
锝

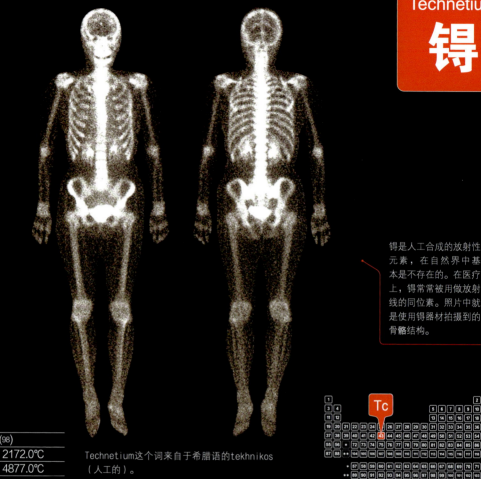

锝是人工合成的放射性元素，在自然界中基本是不存在的。在医疗上，锝常常被用做放射线的同位素。照片中就是使用锝器材拍摄到的**骨骼**结构。

锝	Tc
原子量	(98)
熔点	2172.0℃
沸点	4877.0℃

Technetium这个词来自于希腊语的tekhnikos（人工的）。

人类最先合成的元素

　　锝是银白色的金属，在自然界中实际上是不存在的。1937年，物理学家谢格尔等人第一次合成了锝，这也是人类历史上第一次完成元素的合成。后来，科学家从铀的裂变产物中得到锝的许多同位素。自然界仅发现极少量的锝-99。

　　锝有20多种同位素，都具有放射性。锝的其中一个同位素锝-99的半衰期只有6个小时，时间很短，而释放出来的伽马射线的能量也不算大，对人体没有很大的伤害。因此，将包含了锝-99的同位素化合物用在医疗用品上，可以帮助我们检测内脏的病变和生理机能等。

　　锝在使用过后的核燃料中大量存在。关于其回收利用的研究在日本几乎没有什么进展，而医疗上使用的锝又全部依靠进口。

Ruthenium

Ru

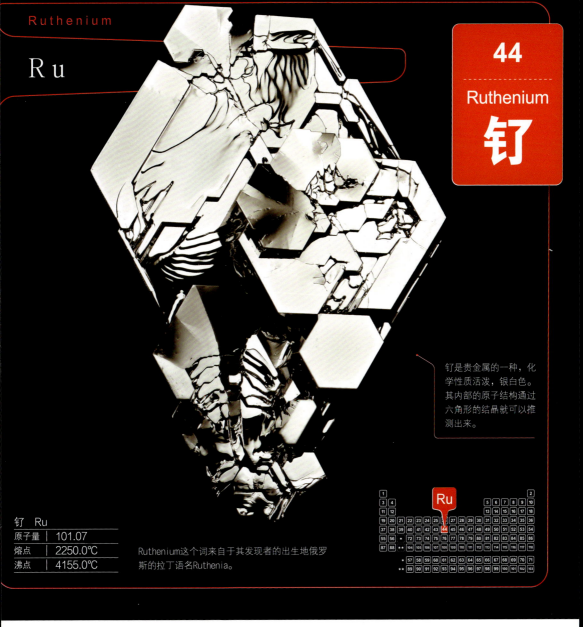

44

Ruthenium

钌

钌是贵金属的一种,化学性质活泼,银白色。其内部的原子结构通过六角形的结晶就可以推测出来。

钌	Ru
原子量	101.07
熔点	2250.0℃
沸点	4155.0℃

Ruthenium这个词来自于其发现者的出生地俄罗斯的拉丁语名Ruthenia。

硬盘。在我们使用的硬盘里就有好几层带有磁性的钌,它可以帮助数据的高密度写入和读出。照片中为大家展示的就是读取硬盘数据的磁性读取头。

铂族元素的前锋

钌是具有光泽的银白色金属。其硬度较大,也比较易碎,抗腐蚀性很强,在可以熔化金的王水(浓硝酸与浓盐酸的混合物)中也不会熔解。在铂族元素(钌、铑、钯、锇、铱、铂)中的含量是最少的,一般都是与其他铂族元素一同被发现。

钌与其他的铂族元素组成合金可以用作装饰品、钢笔笔头、电子产品的原材料等等。

93

Rh

45
Rhodium
铑

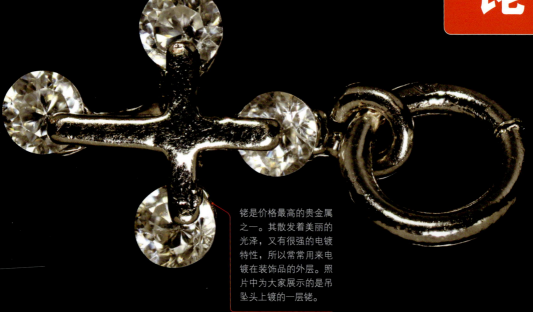

铑是价格最高的贵金属之一。其散发着美丽的光泽，又有很强的电镀特性，所以常常用来电镀在装饰品的外层。照片中为大家展示的是吊坠头上镀的一层铑。

铑	Rh
原子量	102.91
熔点	1960.0°C
沸点	3697.0°C

Rhodium这个词来自于希腊语的rodeos（玫瑰色）。因为其化合物的水溶液会呈现出玫瑰一样的色彩。

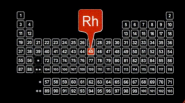

高反射率让其成为电镀反射面的理想材料

铑是具有很强的延展性的银白色金属。其抗腐蚀的能力很强，具有美丽的光泽，因此常常用在相机等光学仪器上，或者电镀到装饰品的表面。

铑、钯、铂都可以作为催化剂来使用，帮助汽车尾气中的氮氧化物分解成氮元素和氧元素。

有机铑配合物。在金属上结合了有机分子以及离子的化合物统一称之为配合物。照片中为大家展示的是铑的配合物。就是在铑原子上结合了有机的磷化合物分子以及氯离子。铑配合物常常用在有机化合物的合成反应中。铑配合物一般都是褐色的。

Palladium

Pd

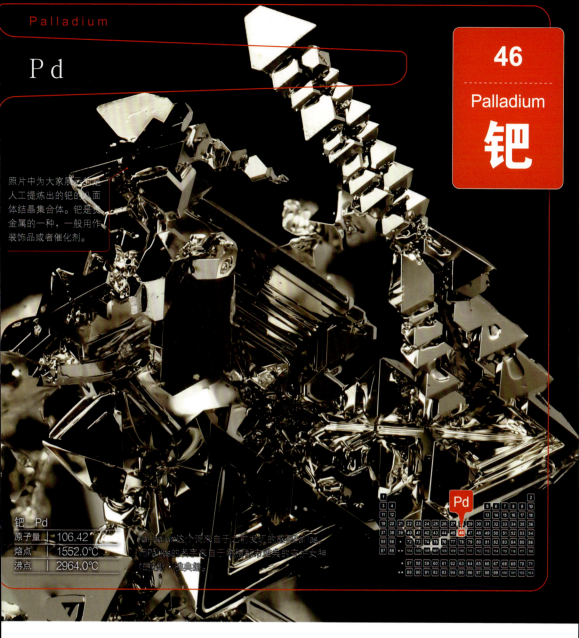

照片中为大家展示的是人工提炼出的钯的八面体结晶集合体。钯是贵金属的一种,一般用作装饰品或者催化剂。

46

Palladium

钯

钯	Pd
原子量	106.42
熔点	1552.0℃
沸点	2964.0℃

Palladium这个词来自于之前发现的或星Pallas,而Pallas的名字来自于希腊神话雅典娜的称呼女神帕拉斯·雅典娜。

有机钯催化剂。钯有各种各样的形态,都可以作为催化剂来使用。相比铂,其价格更加低廉,因此在催化剂上得到了广泛的应用。照片中为大家展示的是磷分子与钯原子结合在一起的有机钯催化剂。

可以吸收氢气的金属

钯是可以吸收气体的银白色金属。特别是它具有很强的吸收氢气的作用,可以吸收自身体积900倍以上的氢气。单质的钯质地比较柔软,在吸收了氢气之后其体积就会膨胀开来。

牙科上使用的银牙就是金、银、钯的合金。其中钯大概占成份的20%以上。

钯可以作为催化剂使用,用来分解和净化汽车的尾气。

Silver

Ag

47

Silver

银

银是带有明亮银白色的金属，其很容易在电解反应中得到高纯度的结晶。放置在空气中，容易与空气中的硫成分发生反应，从而变色。

银	Ag
原子量	107.87
熔点	961.9℃
沸点	2162.0℃

Silver这个词来自于盎格鲁—撒克逊语的sioltur（银），而元素符号Ag则来自于拉丁语的argentum（明亮的、光辉的）。

导电性最强的金属

银是具有银色美丽光泽的金属。在金属里，其导电性和导热性都是最强的。其延展性也仅次于金，1g的银可以拉伸到1800m左右。

与硫反应，变成黑色

银不太容易生锈，但是，它却容易与空气中的硫元素（硫化氢、二氧化硫等硫氧化物）发生反应，表面生成一层黑色的化合物。银戒指则可能与人体皮肤蛋白质中的含有硫的物质所反应，因此也容易变成黑色。

古时，曾经有人担心砷中毒，因此使用银的器皿和餐具。实际上，哪怕是在银的器皿中加入砷也不会发生反应。而之所以在古时会有这个说法，是因为当时使用的砷还不纯，其中含有少量的硫化物，因此才会与银发生反应。不过，现在的砷已经纯度很高了，其中不再含有硫元素了。现在使用的银器表面一般都镀上了一层铑，以此来防止银与硫发生化学反应。

有一种清凉剂名字叫"仁丹"，其表面就是银。而巧克力、蛋糕等表面用来装饰用的银色的颗粒其表面也是银。仁丹如果放置到温泉（含有硫）附近就会变成黑色。

天保一分银。银在古代一直是属于代表性的贵金属，作为货币使用了很长一段时间。照片中为大家展示的是日本江户时期制作的一分银，通过当时的精炼方法打造出来的货币。

银的镜面反射

在装饰品、餐具、镜子等日用品，包括电脑、手机等高端的电子产品中都使用到了银。

以前的镜子，是将青铜的表面磨平之后使用的。现在的镜子是在普通的玻璃后面添加红色的保护材料，然后再加上一层很薄的银（在玻璃上镀银）。以前的金属镜子由于暴露在空气中，所以很容易生锈或者表面出现磨损。不过，现在的镜子基本不会出现氧化的情况了。

银化合物照片。卤化银在光线的照射下会产生银离子，然后附着在胶卷上从而成像，进而可以制作出照片。因此，银化合物在照相等领域的使用很广。

溴化银与碘化银是照片的感光剂

溴、碘与银的化合物都具有很强的感光性，在光线的照耀下，银离子会游离出来，常常用作照片相纸、胶卷、X射线等的原材料。

银离子的杀菌作用

银离子具有很强的杀菌作用，可以作为各种杀菌剂、抗菌剂、消臭剂的原材料。不过，许多大品牌的所谓银离子产品其中含有的银离子也是非常少的，消费者在选购的时候要多加注意。

此外，硝酸银的溶液也有很强的杀菌作用。

Cd

48 Cadmium 镉

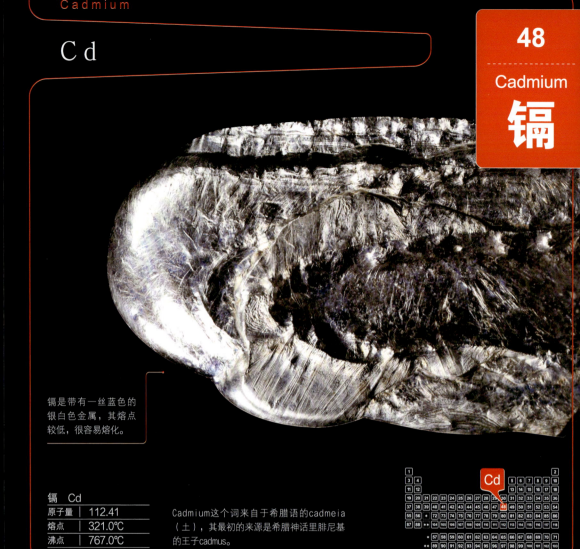

镉是带有一丝蓝色的银白色金属,其熔点较低,很容易熔化。

镉	Cd
原子量	112.41
熔点	321.0℃
沸点	767.0℃

Cadmium这个词来自于希腊语的cadmeia(土),其最初的来源是希腊神话里腓尼基的王子cadmus。

硫镉矿。硫镉矿在锌矿石中存在一定的数量,在水中分解之后,镉成分就会变成硫化镉而浓缩存在。

日本"痛痛病"的病因

镉是带有一丝蓝色的银白色的质地柔软的金属。一般来说其出产地都会有锌。在电镀上也常常使用镉,而且抗氧化的能力比锌更强。

镍镉电池(镍与镉的组合)的电极中也经常会使用到镉。硫化镉的别名是"镉黄",常常作为黄色颜料用于绘画上。

镉对人体是有害的,当人体吸入了镉的粉末或者烟尘都是剧毒的。日本富山县的神通川上流提炼锌的工厂曾经排放出污水,其中含有大量的镉,由此而引发了当地的"痛痛病"。

In

49 Indium 铟

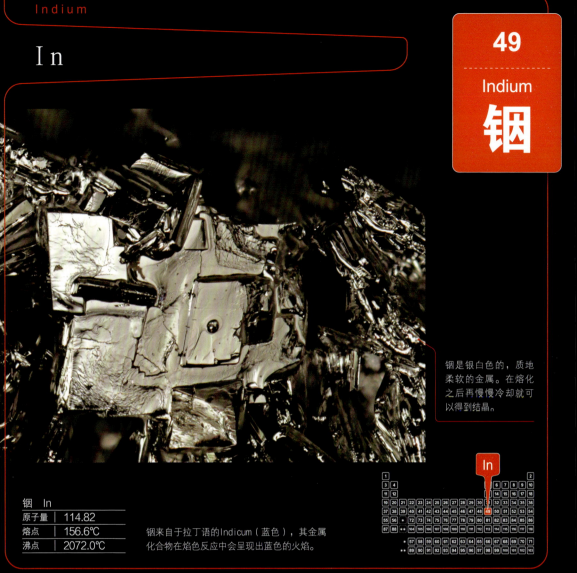

铟是银白色的，质地柔软的金属。在熔化之后再慢慢冷却就可以得到结晶。

铟	In
原子量	114.82
熔点	156.6℃
沸点	2072.0℃

铟来自于拉丁语的Indicum（蓝色），其金属化合物在焰色反应中会呈现出蓝色的火焰。

氧化铟是透明的，可以导电，用作液晶显示

铟的质地非常柔软，可以直接用小刀切割，而且其沸点也很低，是银白色的金属，属于稀有金属。

铟、锡与氧的化合物就是氧化铟锡，其导电性能很强，可以延展成透明的薄膜，可以用在液晶显示屏的电极上。

铟可以从锌矿石中提炼出来，在炼锌的时候可以顺便提炼。

在日本札幌附近的丰羽矿山中有世界上最大的铟矿床，不过在2006年2月开采作业结束了，由此世界第一大的铟供给源就消失了。

铟是稀有金属，现在科学家还在探讨如何从液晶显示屏上将其回收再利用。

Sn

Tin

50

Tin

锡

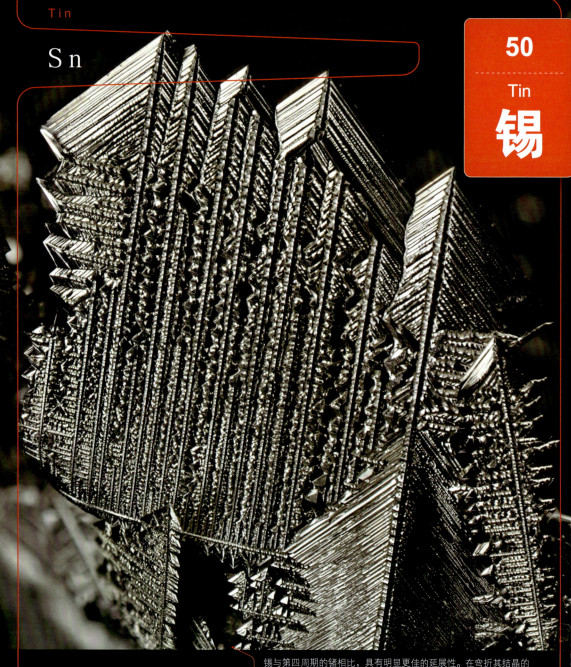

锡与第四周期的锗相比,具有明显更佳的延展性。在弯折其结晶的时候,由于迅速改变了其原子组合结构,所以会伴随着"噼哩噼哩"的声音。

锡	Sn
原子量	118.71
熔点	232.0℃
沸点	2603.0℃

Tin这个词来自于古代欧洲。而元素符号Sn则来自于拉丁语的Stannum(锡)。

青铜的成分之一

锡是质地柔软的、熔点很低的银白色或者灰色的金属。其同位素很多，其中比较稳定的同位素就有10个，总共有40多种同位素。而且，其同位素单质的色彩还不尽相同。

镀锡是锡的主要用途之一，在钢材上镀锡之后就成为了镀锡铁皮，而锡与铜的合金就是"青铜"，锡与铝的合金也经常使用。青铜的炼制很容易，所以直到现在仍然在使用。青铜具有独特的色彩，敲击也有很特别的声响，因此仍然作为美术品的原料，或者寺庙大钟的原料来使用。

从我们的古代文明开始之时起就伴随着从使用石器到金属器具的转变过程。金属可以自由地改变形状，而且比石器更加有强度，这就开启了很长一段时间的青铜时代。此后，人们从矿石中成功提炼出了铁，而铁不管是作为农业器具还是武器，强度都超过了青铜。于是，人类就从青铜时代进入了铁器时代。

伍德合金和铝锡合金。伍德合金中有锡、铋、铅、镉等元素，这种合金的熔点很低，只有70℃左右，在开水中就很快熔化了。在低温下就可以很快熔解，然后又很容易凝固，因此常常用来加工金属，暂时固定金属等。而铝与锡的铝锡合金，在低温下会熔化，不过持久性较强，所以也常常在电子产品中使用。

锡瘟现象

锡瘟现象是一种独特的现象。在常温下化学性质稳定的白色锡（银白色）是结晶状的，但是在13℃以下的低温就会成为不定型的灰色锡（无法形成结晶）。灰色锡比较易碎，在常温下很容易改变形状。这就是所谓的锡瘟现象。

拿破仑军队曾经进攻俄罗斯，而论其失败原因，有人说是因为当时士兵佩戴的纽扣都是锡做的。而在极寒的地区，锡会出现锡瘟现象，从而变得非常易碎，让他们无法抵御严寒。不过，这种说法还是有点太牵强了。

有机锡化合物

以前曾经使用过许多的有机锡化合物，例如三丁基氧化锡等。为了不让贝类附着在轮船的底部，曾经在轮船的底部涂抹过三丁基氧化锡。但是后来的研究表明，三丁基氧化锡不利于环境保护，所以现在使用的越来越少了。而医疗用品的合成过程中偶尔还会使用有机锡化合物。

锡石。锡一般情况下是以二氧化锡（锡石）的状态存在在自然界的。其抗风化的能力很强，密度也较大，在海边或者河岸上容易堆积。在矿山中开采的锡矿石也基本都是锡石。

Sb

Antimony

51
Antimony
锑

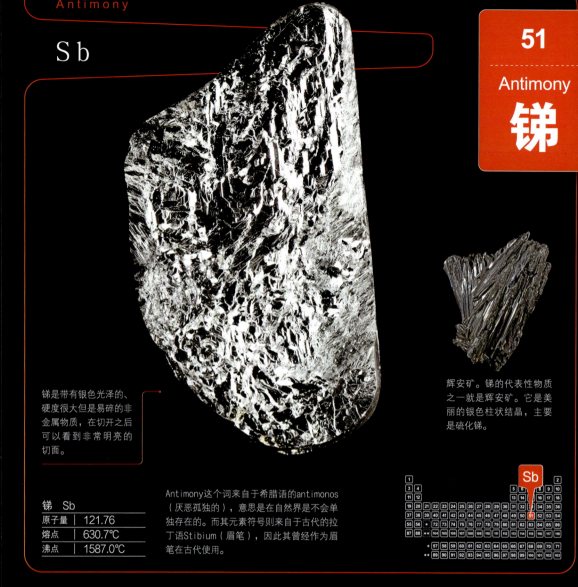

锑是带有银色光泽的、硬度很大但是易碎的非金属物质，在切开之后可以看到非常明亮的切面。

辉安矿。锑的代表性物质之一就是辉安矿。它是美丽的银色柱状结晶，主要是硫化锑。

锑	Sb
原子量	121.76
熔点	630.7℃
沸点	1587.0℃

Antimony这个词来自于希腊语的antimonos（厌恶孤独的），意思是在自然界是不会单独存在的。而其元素符号则来自于古代的拉丁语Stibium（眉笔），因此其曾经作为眉笔在古代使用。

车骨矿。天然的锑常常以辉安矿的形式，或者与其他金属组合成复杂的硫化物。而车骨矿则是锑与铜、铅组成的硫化物。

锑的合成物是很好的防火剂

硼、砷等元素也是半金属，具有接近半导体的性质。而锑也是具有金属光泽的、银白色的非金属。除此之外，锑还有黑色的、黄色的不同同位素单质。

锑的毒性虽然赶不上砷或者水银，但也是有毒的，所以，现在没有再用作眼影或者眉笔使用了，而是作为合金的添加物来使用。此外，三氧化锑是很好的防火剂，实验室的白大褂、窗帘纤维中等都会织入一定的三氧化锑。

Tellurium

Te

52
Tellurium
碲

碲是带有一丝黑色的银白色非金属结晶。升华之后会成为照片中展示的柱状结晶。

碲 Te	
原子量	127.60
熔点	449.8℃
沸点	991.0℃

Tellurium这个词来自于拉丁语的tellus（地球）。

在DVD中使用碲

碲分为金属碲与不定型碲两种。金属碲其实是银白色的非金属。可以用在陶器、搪瓷、玻璃的上色上等等。

DVD-RAM或者DVD±RW的记录层上就使用的是碲合金。DVD±RW中使用的是银、铟、锑、碲的合金，而DVD-RAW中使用的是锗、锑、碲的合金。

碲铜石。含有碲的矿物质在水中就会分解产生出铜的碲酸盐。照片中为大家展示的是碲铜石。

103

Iodine

I

53

Iodine

碘

碘是带有黑色金属光泽的非金属的结晶，在常温下会慢慢地蒸发成紫色的带有刺激性的气体，完成整个升华的过程。照片中为大家展示的就是碘的结晶之一。

碘	I
原子量	126.90
熔点	113.6℃
沸点	184.4℃

Iodine来自于希腊语的ioeides（紫色的物质）。

卤素中可以升华的元素

碘单质是带有金属光泽的非金属的结晶，具有升华（固体直接变成气体）的性质。加热固体之后，可以产生出带有特殊味道的紫色气体。在冷却该气体之后，又会产生碘的固体。

食用盐中最好含微量碘

碘元素是人体必需的微量元素，如果人体摄入碘不足，会引发各种疾病。在食盐中加含碘化合物，能够保障人们摄入足量的碘，人体每日需要的碘是微量的，摄入过多反而有害。

单质的碘有抗微生物的作用

在漱口水、消毒水、防腐剂中都经常使用碘。碘酒就是将碘单质溶解到酒精中。而漱口水、消毒水等中也使用的是碘元素或者碘的化合物。

淀粉碘反应

在淀粉溶液中添加碘单质之后会变成蓝色，这是物理变化，淀粉吸收I_2后使I_2吸收可见光波变短，棕色I_2溶液变蓝。碘单质在水中并不容易溶解，所以一般都是使用碘化钾溶液。

堆积在甲状腺中的碘

碘是合成甲状腺素的重要物质，对人体来说是必需的元素。如果缺乏碘元素就可能会出现软骨症、甲状腺疾病等。

在日本核反应堆出现事故而释放出来的大量射线中，有一种就是碘-131。碘-131如果被人体吸收就会堆积在甲状腺中，进而可能引发甲状腺癌。切尔诺贝利核电站发生事故之后，当地的居民就有许多人患上了甲状腺癌。

海带。在海带、裙带菜等海藻中含有大量的碘元素。沿海地区的人食用海藻的比例比其他地方的人要高许多，所以他们普遍摄取的碘也更多。

漱口水。碘具有很强的杀菌作用，碘化钾溶液也常常作为漱口水来使用。

碘化钾。放射性的碘元素在核泄漏的时候会分散到大气层中，如果被人体摄入，就会好几天都堆积在甲状腺中，从而对人体健康产生危害。因此，当核电站发生事故之后，当地的居民应该立刻补充碘化钾的制剂，从而让人体内的碘达到饱和，进而就不会继续吸收放射性碘了。但是，碘摄取过量也会对人体有害，是否过量的判断标准并不清晰。

Xe

54

Xenon

氙

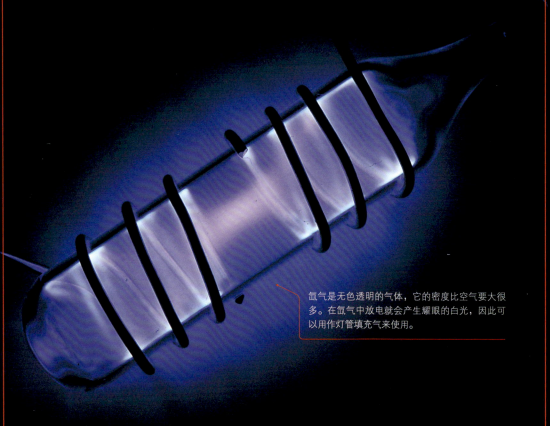

氙气是无色透明的气体,它的密度比空气要大很多。在氙气中放电就会产生耀眼的白光,因此可以用作灯管填充气来使用。

氙	Xe
原子量	131.29
熔点	−111.9°C
沸点	−108.1°C

Xenon这个词来自于希腊语的xenos(未知的物质)。

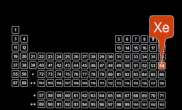

发出耀眼白光的氙气灯管

氙气是无色透明无味、密度较大的稀有气体。将其密封到玻璃管中,然后施加电压放电之后就会产生很强烈和耀眼的白光。氙气灯管由于不需要使用灯丝,因此其使用寿命很长。现在一些车灯已经开始使用氙气灯管了。

许多聚光灯、投影仪、频闪仪、内视镜等中都使用到了氙气。

离子发动机的推进剂

在宇宙中进行探查任务的"隼鸟"号飞行器就是使用的氙气作为推进剂,然后依靠离子发动机飞行的。在电离氙气之后会产生出许多的正电荷,然后在引擎的出口处施加负电荷电压之后,它们就会以很快的速度从引擎口喷涌而出。其飞行速度与施加的电压成正比,比较容易控制飞行速度。

不过,如果控制不好,电荷就不会飞出引擎,反而产生反推动的作用。因此,如何控制好电荷数量就成为了关键。要在引擎口释放出刚好与正电荷相等的负电荷,由此来达到一个平衡。现在,科学家们正在致力于使用氩气来替代氙气,因为氩气在空气中的比例更高。

惰性气体中最先产生化合物

1962年,英国的科学家尼尔首先通过强氧化剂六氟化铂与氙气发生反应,从而获得了六氟合铂酸氙(橙红色粉末状固体)。这是通过强大的化学结构过程而合成的氙元素化合物。

之后,美国的阿尔贡国立研究所又将氙与氟直接反应,得到了四氟化氙。从此以后,越来越多的氙化合物诞生了,例如使用氟或者氧与氙产生的各种化合物。

高亮度白色灯管。将氙气密封到灯管中之后施加电压就会释放出耀眼的白光。自行车车灯的HID灯管已经开始使用氙气了。此外,氙气的特性还可以让其在投影仪的光源上应用。照片中为大家展示的就是氙气灯管。

Cs

55
Caesium
铯

铯是带有一丝黄色的银色金属，其化学性质活泼，需要密封到真空玻璃管中保存。铯的熔点很低，在人体体温下都会熔化。熔化了的铯慢慢变成固态的过程中会产生树脂一样造型的结晶。如果将其直接置于空气中，有时会发生燃烧一般的氧化反应。

铯	Cs
原子量	132.91
熔点	28.4℃
沸点	658.0℃

Caesium这个词来自于拉丁语的caesius（天空之蓝）。

投入水中会发生爆炸反应

铯是质地非常柔软、延展性很强且带有一丝黄色的银色碱金属。其熔点大约为28℃（在金属中，熔点仅次于水银），很容易就熔化成液态。在低温下与水都会发生剧烈的反应，属于比较危险的物质。

原子钟的原料

铯的其中一个同位素是铯-133，现在使用的原子钟的原料就是它。

原子钟除了使用铯-133以外，也使用铷、氢等。铷的原子钟价格低廉，但是精度较低。而氢的原子钟精度虽然高，但是使用寿命很短。最新的铯原子钟的误差已经控制在$1/10^{15}$了。也就是说，从6500万年前，也就是恐龙灭绝的时间到现在，铯原子钟的误差只在2秒以内，这已经是非常高的精度了。

核试验与核反应堆事故

同位素铯-137的半衰期是30年，在铀进行核分裂的时候，它也会大量产生，是具有放射性的元素。

以前核试验的时候，许多放射性元素扩散到了大气中。碱金属具有易溶于水的特性，而一些放射性元素的性质与碱金属类似，因此比较容易进入到人体，特别是人体的肌肉中。

2011年3月11日，日本的东北地区发生了很大规模的福岛第一核电站核泄漏事故，包括铯-137和铯-134（半衰期为2年）的多种放射性物质都泄露了出来，到现在都是一个很大的社会问题。

地壳中的铯

天然的铯在地壳中分布得并不多，正因为其没有聚集在一起，所以开采起来难度很大。为此，铯的化合物比钠、钾化合物的造价要高很多。

铯榴石。铯在天然的花岗石地带有少量的出产。在一些锂矿床的地区也会开采出少量的铯或者铷。照片中为大家展示的是铯榴石，产自加拿大，是含有铯的矿物质。

Ba

Barium

56
Barium
钡

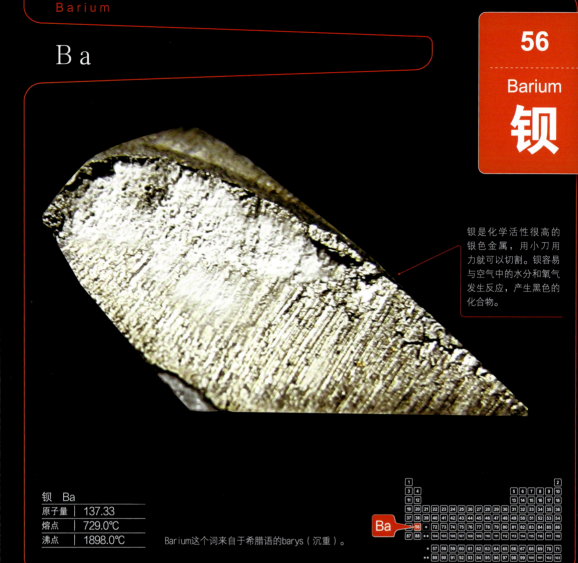

> 钡是化学活性很高的银色金属，用小刀用力就可以切割。钡容易与空气中的水分和氧气发生反应，产生黑色的化合物。

钡	Ba
原子量	137.33
熔点	729.0℃
沸点	1898.0℃

Barium这个词来自于希腊语的barys（沉重）。

射线造影剂中的钡是硫酸钡

重晶石。钡的天然资源一般都是以硫酸钡的形式存在，而这种矿物质又称之为重晶石。重晶石的性质稳定，不溶于水，与其他的钡盐不同的是，重晶石是无毒的。

　　钡是银白色的金属，它在碱土金属中的密度较大，化合物的密度也都较大。

　　钡的焰色反应是绿色的，而硝酸钡则是烟火的成分之一。

　　造影剂中的钡可以让X射线难以通过，而这里使用的钡化合物是硫酸钡。硫酸钡具有不溶于水、不溶于胃酸的特性，所以不会被人体吸收。而具有水溶性的钡的化合物则具有剧毒。

La

Lanthanum

57

Lanthanum

镧

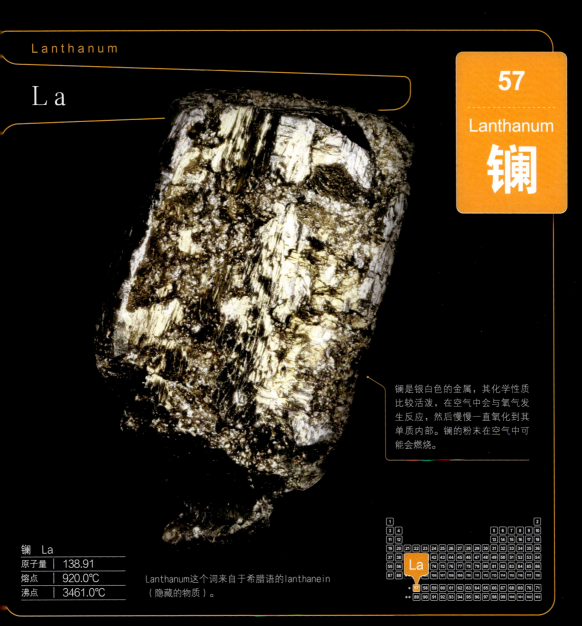

镧是银白色的金属，其化学性质比较活泼，在空气中会与氧气发生反应，然后慢慢一直氧化到其单质内部。镧的粉末在空气中可能会燃烧。

镧	La
原子量	138.91
熔点	920.0℃
沸点	3461.0℃

Lanthanum这个词来自于希腊语的lanthanein（隐藏的物质）。

镧石。铷与镧的碳酸盐是非常珍贵的矿物质。

镧系元素的前锋

　　镧是银白色的金属，在元素周期表的原子序号57里写着"镧系元素"（或者"镧系"），也就是说，从57号的镧开始，到71号的镥都是镧系元素，总共包括15种元素。属于这个集团的元素的化学性质都比较类似。因此，在分离的时候难度很高，只有利用它们微弱的化学性质差别来分离。而其中，镧是镧系元素的前锋。

　　镧与镍的合金有很强的吸收氢的作用。氧化镧则是相机偏光镜的原材料之一。

111

Cerium

Ce

铈是带有一丝黄色的银白色金属，在空气中会缓慢地发生氧化反应。加热之后会发生燃烧。

58
Cerium
铈

铈	Ce
原子量	140.12
熔点	799.0℃
沸点	3426.0℃

Cerium这个词来自于惑星Ceres（罗马神话里的谷物女神）。

研磨玻璃。氧化铈具有很强的研磨玻璃的功能，可以将玻璃打磨成平坦的、具有美丽光泽的平面。最主要的生产国是中国，现在各国仍在研究替代的材料和回收再利用的方法。

氧化铈是玻璃的研磨剂

　　铈是带有一丝黄色的银白色金属，在镧系元素中，铈的存在量是最大的。氧化铈是玻璃的研磨剂，如果将其添加到玻璃中，可以有效地吸收紫外线。因此，太阳眼镜、汽车玻璃车窗上都加入了一定量的铈。此外，在柴油机的引擎中使用氧化铈还可以促进柴油与空气的燃烧，进而减少尾气中的PM（粒状物质）的含量。

Pr

Praseodymium

59
Praseodymium
镨

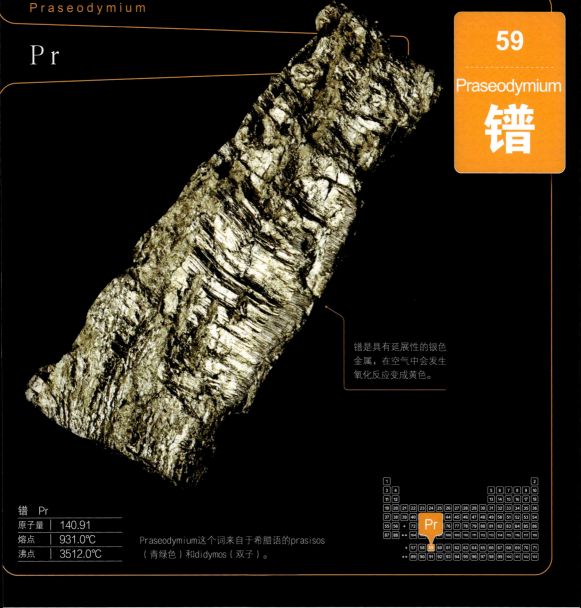

镨是具有延展性的银色金属，在空气中会发生氧化反应变成黄色。

镨	Pr
原子量	140.91
熔点	931.0℃
沸点	3512.0℃

Praseodymium这个词来自于希腊语的prasisos（青绿色）和didymos（双子）。

陶瓷器的黄绿色釉彩

镨是银色的、质地柔软的金属。在空气中会发生氧化反应变成黄色。

镨在工业上的用途并不广泛，各种化合物都主要是用在陶瓷器上，用作黄绿色的釉彩。

镨配合物。镨化合物在+3价的时候是最稳定的，一般都呈现出黄绿色。这些化合物一般作为染料来使用。照片中为大家展示的是镨配合物。

Neodymium

Nd

60
Neodymium
钕

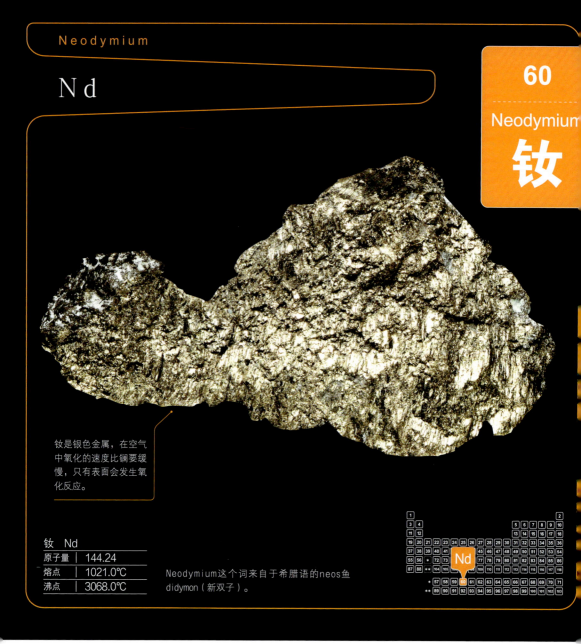

钕是银色金属,在空气中氧化的速度比镧要缓慢,只有表面会发生氧化反应。

钕	Nd
原子量	144.24
熔点	1021.0℃
沸点	3068.0℃

Neodymium这个词来自于希腊语的neos鱼didymon(新双子)。

市面上磁力最强的是钕磁石

钕是银色金属,在市面上销售的磁力最强的就是钕磁石了,其中含有钕、铁、硼等元素。其体积较小,但磁力很强,可以在显示器、扩音器等上使用。

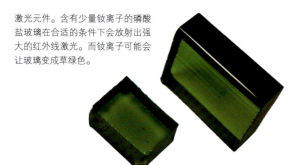

激光元件。含有少量钕离子的磷酸盐玻璃在合适的条件下会放射出强大的红外线激光。而钕离子可能会让玻璃变成草绿色。

Promethium

Pm

61

Promethium

钷

钷是人工合成的放射性元素，在自然界中是不存在的。以前其化合物曾经作为钟表的夜光材料等使用。

钷 Pm	
原子量	（145）
熔点	1040.0℃
沸点	2500.0℃

Promethium这个词来自于希腊神普罗米修斯（为人类带来火种的神）的名字。

荧光灯的发光放电管

钷是银白色的金属。在镧系元素中，钷是唯一的人工合成的放射性元素，在核反应堆中可以产生出来。

荧光灯的发光放电管中就含有微量的钷。

钷放射出的射线具有点亮荧光灯的作用，就好像是一个点火器。在荧光灯内部的金属线上，镀上了一层钷。由于钷具有放射性，因此以前曾经将其涂抹在钟表的表盘上，作为夜光材料来使用。不过，后来由于安全问题，现在已经逐渐不使用钷了。之所以钷在夜晚也可以发出光亮，是因为其中的β射线可以照亮荧光物质。不管是荧光灯还是夜光材料，人类使用的都是钷的放射性特性。

Samarium

Sm

62 Samarium 钐

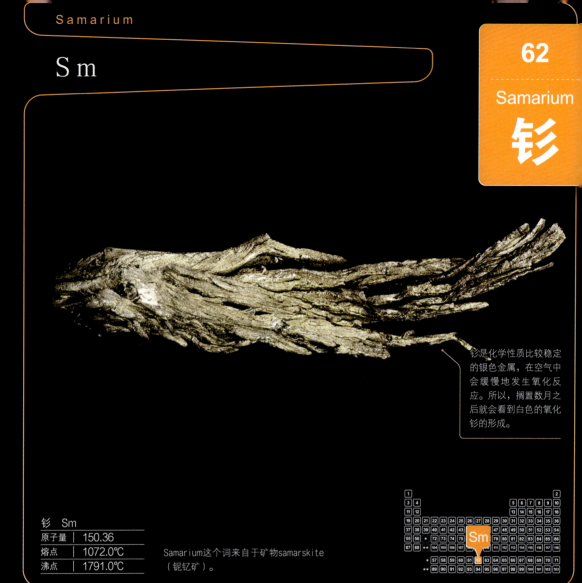

钐是化学性质比较稳定的银色金属,在空气中会缓慢地发生氧化反应。所以,搁置数月之后就会看到白色的氧化钐的形成。

钐	Sm
原子量	150.36
熔点	1072.0℃
沸点	1791.0℃

Samarium这个词来自于矿物samarskite（铌钇矿）。

强力磁石的原材料

钐是银色的质地柔软的金属。在镧系元素中,各个元素的化学性质都非常相似,要想将它们其中一个提炼出来,必须要利用它们在化学性质上的微弱差别来巧妙地提取。

钐具有很强的磁力,可以用作发光材料、荧光材料等,在镧系元素中的使用最为广泛,也具有最高的性能。

钐与钴的合金是具有很强磁力的永久磁石。与钕磁石相比,这种磁石更不容易生锈,且在高温下也可以正常工作,是电动汽车的压缩机、风力发电机、硬盘磁力装置的重要原材料。

不过,钕磁石的造价更低,性能也非常优良,所以钐钴磁石的适用范围并不是非常广泛。

不管是金属钐还是+2的钐化合物都是医疗用品等有机合成反应的强有力的还原剂。

Eu

Europium

63
Europium
铕

纯的铕单质是银色的金属，在空气中会被迅速地氧化，从而带有黄绿色的氧化铕粉末。如果长时间放置，其内部也会被氧化。

铕	Eu
原子量	151.96
熔点	822.0℃
沸点	1597.0℃

Europium这个词来自于其发现地"欧洲"的英语名称。

铕镓石榴石。石榴石在光线下会呈现出各向同性（方向不同，性质相同），其耐热性很高，可以自由地调整成分，是未来光学结晶材料的选择之一。包含了稀土类的石榴石，还可以作为激光振荡器的原材料使用。

稀土类中出产量和存在量最少的元素

铕是银色的金属。在稀土类元素中，铕的存在量和出产量都最少。一般将其用在电灯泡中，相比于单纯的水银灯，添加了铕的灯泡可以释放出更接近自然光（阳光）的光线。

铕离子还用作荧光材料，它的性能与铽类似，可以用作电视的阴极射线管的原材料。以前，日立公司曾经销售过一个系列的产品，命名为"稀土色彩"，就是由于器材原材料中带有稀土元素。

Gadolinium

Gd

64
Gadolinium
钆

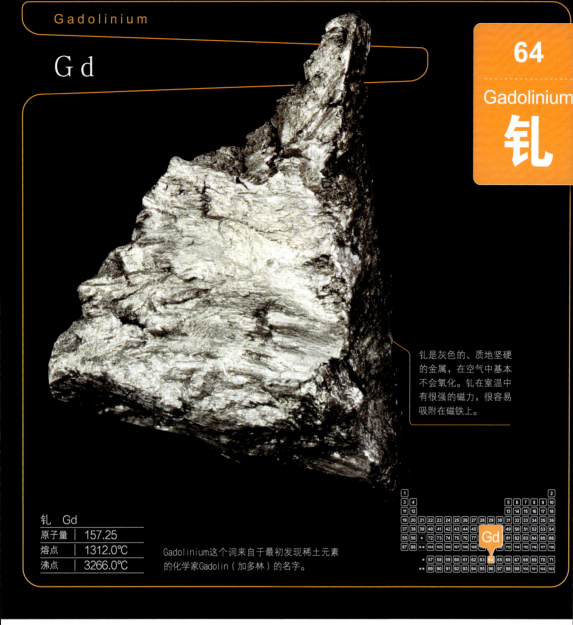

钆是灰色的、质地坚硬的金属，在空气中基本不会氧化。钆在室温中有很强的磁力，很容易吸附在磁铁上。

钆	Gd
原子量	157.25
熔点	1312.0℃
沸点	3266.0℃

Gadolinium这个词来自于最初发现稀土元素的化学家Gadolin（加多林）的名字。

控制核反应堆

钆是灰色的金属，吸收中子的能力非常强，可以用于控制核反应堆（控制反应的过程、消除原子等）。

钆镓石榴石。与YAG（钇铝石榴石）一样，钆镓石榴石也常常用在激光等光学材料上。照片中为大家展示的是产自俄罗斯的钆嫁石榴石的断面，虽然只加入了部分的钆，但是由于钆离子的作用而呈现出蓝色的结晶效果。

Terbium

Tb

65
Terbium
铽

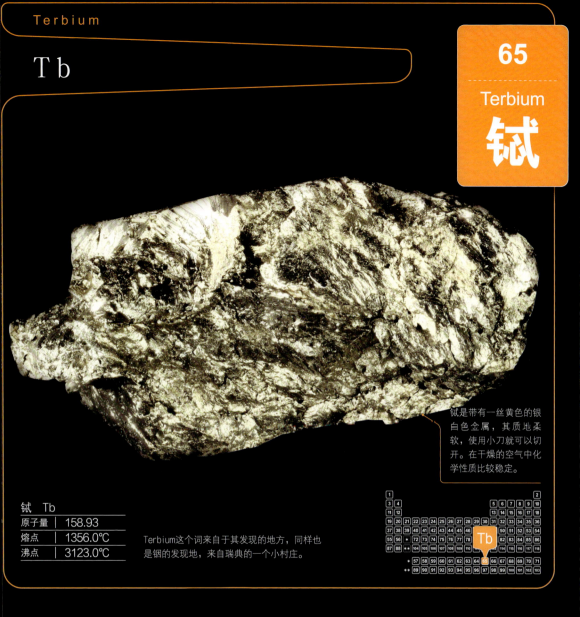

铽是带有一丝黄色的银白色金属，其质地柔软，使用小刀就可以切开。在干燥的空气中化学性质比较稳定。

铽	Tb
原子量	158.93
熔点	1356.0℃
沸点	3123.0℃

Terbium这个词来自于其发现的地方，同样也是铟的发现地，来自瑞典的一个小村庄。

有磁致伸缩效应的金属

铽是带有一丝黄色的银白色金属，其磁力较大，具有伸缩性（磁致伸缩）。于是，科学家们开发出了铽镝铁合金，可以用很小的体积产生很大的磁力，在彩色打印机的制作上发挥着重要的作用。

铽这个名字是来自于瑞典的一个小村庄。在该地，不仅发现了铽，还发现了铟、铒等稀土元素，而这些元素的命名全部跟这个村庄有关。所以，单看这几个元素的英语名称，总觉得很相像。这些元素的化学性质也比较接近，将它们从镧系元素中分离出来的方法耗费了大约100年的时间才找到。可以说，镧系元素的分离历史，就是分离技术进步的历史。

119

Dysprosium

Dy

66
Dysprosium
镝

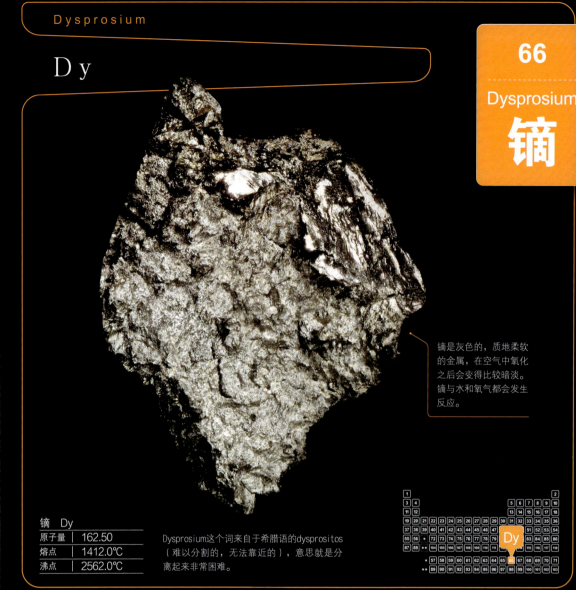

镝是灰色的，质地柔软的金属，在空气中氧化之后会变得比较暗淡。镝与水和氧气都会发生反应。

镝	Dy
原子量	162.50
熔点	1412.0℃
沸点	2562.0℃

Dysprosium这个词来自于希腊语的dysprositos（难以分割的，无法靠近的），意思就是分离起来非常困难。

砷铜钇矿。这是一种稀土类元素与铜元素的砷酸化合物，呈现出绿色的针状结晶。其含有少见的稀土元素，有的时候还可以发现例如镝等元素。它之所以呈现出绿色，是因为其中的铜离子的关系。

没有放射性物质的夜光材料

镝是灰色的金属。它具有储存光能的作用，因此在夜晚可以释放出光，常常用来制造夜光颜料。

这一类夜光材料本身并没有放射性物质，而是使用自身储存的光能来发光。而且，发光的时间可以持续一整个晚上，因此大大地改写了夜光材料的历史。现在，一些紧急出口的灯管中都使用镝。

此外，彩色打印机的打印头中也使用了镝。

Holmium

Ho

67

Holmium

钬

钬	Ho
原子量	164.93
熔点	1474.0°C
沸点	2695.0°C

钬是质地柔软的银白色金属，在空气中会被氧化成黄色的化合物。加热之后会燃烧。

Holmium这个词来自于其发现者的所在地斯德哥尔摩的拉丁语名称Holmia。

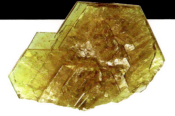

氟碳铈矿。稀土资源在地球上的分布并不平均，中国发现了大量的稀土类元素的离子，或者稀土类元素的磷酸盐矿床、稀土类碳酸盐的氟化物等，这就是氟碳铈矿。氟碳铈矿的矿石一般都是六角形的结晶，包含了各种各样的锕系元素，通过氧化处理可以获得相应的元素。

医疗激光

钬是银白色的金属，在医疗上使用的钬YAG（添加了钬的YAG，即钬、铟、铝的石榴石）的原材料之一。这种激光的发热量很小，可以减少对患者肌肤和器官的损伤，安全性很高，还可以破坏比较坚硬的组织，具有止血的功能等。此外，它还可以用于治疗结石等。

121

Erbium

Er

铒是银白色的金属，添加了铒的光纤的信号比没有添加铒的光纤信号强非常多，而且可以增加光线信号传输距离的100倍左右。

68
Erbium
铒

铒	Er
原子量	167.26
熔点	1529.0℃
沸点	2863.0℃

Erbium这个词来自于其发现地，瑞典的一个小村庄。

Thulium

Tm

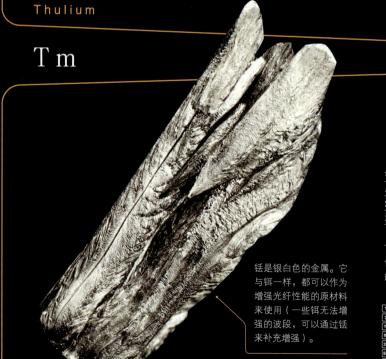

铥是银白色的金属。它与铒一样，都可以作为增强光纤性能的原材料来使用（一些铒无法增强的波段，可以通过铥来补充增强）。

69
Thulium
铥

铥	Tm
原子量	168.93
熔点	1545.0℃
沸点	1947.0℃

Thulium这个词的来源有各种说法，但比较有力的说法是，它来自于斯堪的纳维亚的古名Thule。

Ytterbium

Yb

镱是银白色的金属。氧化镱可以用在玻璃上，作为黄绿色彩的着色剂。

70
Ytterbium
镱

镱	Yb
原子量	173.05
熔点	824.0°C
沸点	1193.0°C

Ytterbium这个词来自于发现稀土类矿物的一个瑞典小村庄。

Lutetium

Lu

镥是银白色金属，在正电子发射计算机断层扫描（PET）中，作为首选探测器的原材料。

71
Lutetium
镥

镥	Lu
原子量	174.97
熔点	1663.0°C
沸点	3395.0°C

Luteium这个词来源于巴黎的古名Lutetia。

Hafnium

Hf

铪是银灰色金属,具有非常高的强度。通过电解的方式可以精制,然后熔化了之后进行使用。照片中为大家展示的是电解精制之后得到的树枝状的铪金属。

72 Hafnium 铪

铪	Hf
原子量	178.49
熔点	2230.0℃
沸点	4602.0℃

Hafnium这个词来自于哥本哈根的拉丁语名hafnia。

锆石。锆的硅氧化物锆石一般来说都含有少量的铪。锆石在岩石中有少量存在,密度较高,岩石风化之后它会残留下来,然后浓缩为锆石。一般都是从锆石中分离出锆和铪。纯的铪是银灰色的,不过,我们得到的单质往往都带有黄色或者红色,这也是一种珍贵的宝石。

控制核反应堆

铪是银灰色金属,具有很强的吸收中子的特性,因此一般用来控制核反应堆。

以铪为核反应堆控制材料的时候,有的时候会不太纯,含有其上一个周期的物质锆,因此需要在使用之前认真地分离开来。通过异己酮有机溶液,我们可以利用盐类溶解性的差异来还原和分离化合物,从而得到纯的铪单质。一般来说,锆和铪的化学性质非常相似,因此分离起来存在一定的困难。

Ta

73
Tantalum
钽

钽在化工属的状态下具有极光明反射率很低，是银灰色金属。其熔点很高，硬度也很高，可以作为耐高温的金属材料使用。

钽 Ta	
原子量	180.95
熔点	2985.0℃
沸点	5510.0℃

Tantalum这个词来自于希腊神话的Tantalos（坦塔罗斯）。

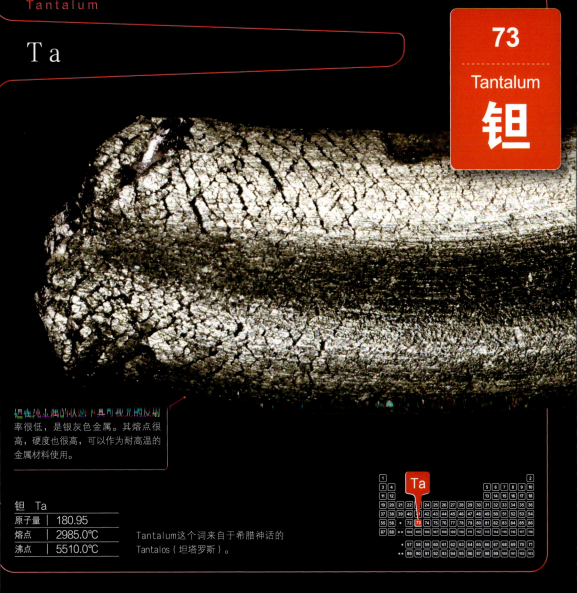

钽的加工品。钽在没有氧气的环境中化学性质非常稳定，其熔点很高，可以用在许多需要耐高温的场合中。照片中为大家展示的是用于半导体材料的钽，对于需要进行高温处理的物质，可以将其放入这个装置中，然后通过高温通电的方式来进行加热蒸发。

对人体无害的金属

钽是银灰色金属，其与人体几乎不会发生反应（基本无害），所以在人工骨骼、植牙等医疗上都可能用到钽。

使用了氧化钽的钽电解聚光灯的体积很小，而容量很大，非常适合在手机、电脑等电子产品上普及应用。

碳化钽的硬度很高，仅次于钻石。可以用于切割工具的制作。

125

Tungsten

W

74

Tungsten

钨

钨的熔点很高，一般是用作电灯泡的灯丝。如果电灯长时间使用，钨就会结晶。而且使用寿命结束之后，结晶的部分就会断裂，然后熔化。

钨	W
原子量	183.84
熔点	3407.0℃
沸点	5555.0℃

Tungsten这个词来自于瑞典语的tung（沉重）与sten（石头）的组合。元素符号W则来自于德语的Wolfram（最初钨是从一种名为狼矿石wolfart的铁锰矿石中提炼出来的）。

电灯泡的钨丝

钨本身的硬度很高，而且很沉重，熔点也很高，是银灰色的金属。其密度与金是相同的，为19.3g/cm³。如果将铁块放到水银中，铁块就会漂浮起来，不过，如果将钨放到水银中，它就会立刻沉下去。

由于钨的熔点很高，所以常常用于制作灯泡的钨丝，可以让其在高温的环境中工作。此外，还可以在微波炉的内部结构中使用。另外，钨的硬度很高，可以用来制作切削工具，甚至是炮弹、坦克装甲、圆珠笔笔尖等。由于其密度也很大，所以还可以用在吊钩、高尔夫球球杆、锤子等上面。不过，钨属于稀有金属，因此造价比较高。

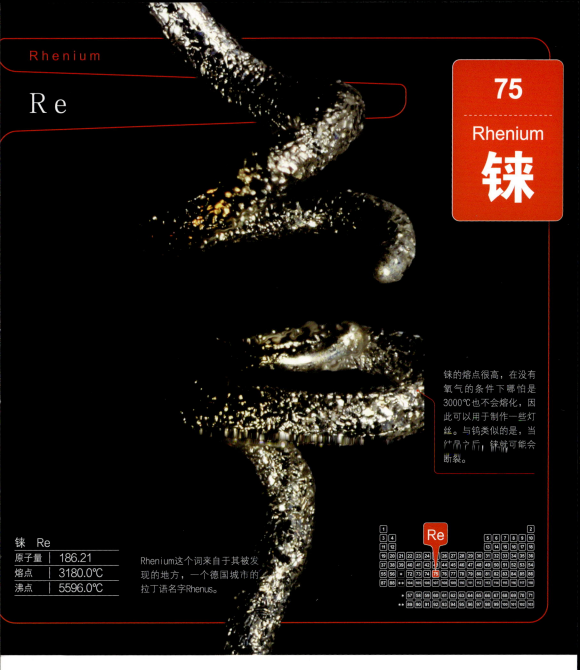

Rhenium

Re

75
Rhenium
铼

铼的熔点很高，在没有氧气的条件下哪怕是3000℃也不会熔化，因此可以用于制作一些灯丝。与钨类似的是，当使用之后，铼就可能会断裂。

铼	Re
原子量	186.21
熔点	3180.0℃
沸点	5596.0℃

Rhenium这个词来自于其被发现的地方，一个德国城市的拉丁语名字Rhenus。

除了人工合成元素最后发现的元素

铼是银灰色的金属。在1925年第一次在自然界发现了化学性质比较稳定的铼。而之后发现的元素，就都是人工合成的元素了。

在金属中，铼的硬度较大，其密度是21.0g/cm³，比金的密度还要大，在3180℃的高温下才开始熔化。这样的性质可以让铼的应用非常广泛，不过铼很稀少，其造价比较高。因此，铼的使用还比较局限，例如一些科研机器的灯丝、高温温度计等。

1908年，日本科学家小川正孝发现了原子序号43的新元素，他将其命名为nipponium，不过，这个研究并没有得到其他科学家的验证，所以并没有得到广泛的认同。实际上，他当时发现的元素应该是原子序号75的铼。

Os

76 Osmium 锇

锇是带有蓝色荧光银色金属,其质地坚硬。按照其原子排列法,结晶的时候容易出现六角形的物质。锇结晶一般来说比较规则,是双面结晶体,照片中为大家展示的是锇的三个结晶聚集起来形成的双结晶构造体。

锇	Os
原子量	190.23
熔点	3045.0℃
沸点	5012.0℃

Osmium这个词来自于希腊语的osme(臭的)。锇在加热之后,很容易生成具有剧毒的四氧化锇,而这种化合物具有臭味。

锇与铱的合金可以用作钢笔笔头

天然锇。锇的密度很高,含有锇的岩石在风化之后就会残留下含有锇的颗粒。锇粉呈蓝黑色,且可自燃。锇的蒸气有剧毒,会对人的眼睛造成伤害。

锇是带有蓝色荧光并发出美丽银色光泽的金属。其硬度很高,熔点在金属中仅次于钨,密度是22.6g/cm³,是所有元素中密度最大的。在元素周期表第六周期的三种元素,锇、铱、铂,其相互的化学性质非常相像,就好像是亲兄弟一样。

锇与铱的合金具有很强的耐磨性和耐腐蚀性,因此常常用在钢笔的笔头上。

Ir

77
Iridium
铱

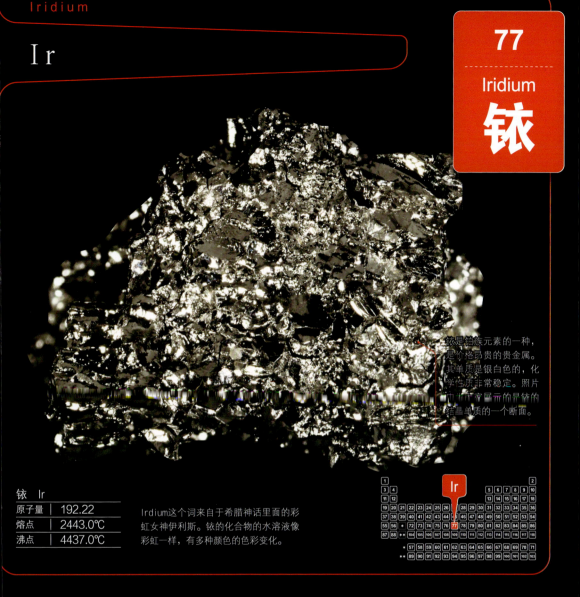

铱是铂族元素的一种，是价格昂贵的贵金属。其单质是银白色的，化学性质非常稳定。照片中所展示的是铱的结晶单质的一个断面。

铱	Ir
原子量	192.22
熔点	2443.0℃
沸点	4437.0℃

Irdium这个词来自于希腊神话里面的彩虹女神伊利斯。铱的化合物的水溶液像彩虹一样，有多种颜色的色彩变化。

陨石冲撞地球的理论来自铱的测定结果

  铱是硬度非常高且密度也很大的银白色金属。其密度为$22.4g/cm^3$，仅次于锇的密度。在金属中，它的抗腐蚀性最强，不管是在强酸、强碱，还是在加热的王水中，铱都不会与它们发生化学反应。铱与铂的合金具有很强的耐磨损、耐腐蚀性，所以，在千克原器或者一些米原器里面都使用的是这种合金。

  恐龙灭绝的原因有许多种说法，其中最有利的就是陨石冲撞地球的理论。其证据就是在恐龙灭绝的时候的地层里（K-T层）发现了铱的存在。

  宇宙中的铱含量很大，而地球上的铱由于其质量都在地表以下的深层，所以，在地表上基本不会发现铱的存在。但是，在K-T层却含有大量的铱。

Platinum

Pt

78

Platinum

铂

铂是带有一丝黄色的银白色金属，其密度较大，化学性质很稳定，可以长时间保持光泽。照片中为大家展示的是通过化学反应合成的铂的结晶。

铂	Pt
原子量	195.08
熔点	1769.0°C
沸点	3827.0°C

Platinum这个词来自于西班牙语的plata（银），然后再加上in（可爱的，小巧的）。

沙铂。与黄金一样,铂的密度很高,且化学性质稳定,因此当含有铂的岩石风化之后,就会在河床上堆积起来形成沙铂。

抗癌药剂。二氨基-二氯铂是带有一定毒性的抗癌药剂,往往命名为"顺铂"来使用,是治疗癌症的药物。其中为黄色的结晶粉末。

铂催化剂。铂的光泽诱人,还可以作为许多化学反应的催化剂,它与钯都是具有很高活性且常用的催化剂。

50%用作装饰品,30%用作汽车尾气催化剂

铂的化学性质非常稳定,具有很强的抗腐蚀性,作为催化剂使用时的活性很高,是银白色金属。中文中,铂也写作"白金",而作为装饰品用的一种名为White Gold的东西却不是铂,而是黄金与其他金属的合金。最近,越来越多的人直接使用白金的说法。

铂与黄金一样,不会溶解在王水以外的任何溶液中,具有很强的抗腐蚀性,而且能够长时间地保持金属光泽。其存在量比黄金要少,与黄金一样同为贵重金属。

由于铂的持久性和抗腐蚀性,它还可以与铱等构成合金,用于千克原器等装置的制作上。其熔点也很高,所以可以在高温的环境中工作,例如点火头、排气管等。此外,它还可以作为催化剂使用,用于净化汽车的尾气等。

Gold

Au

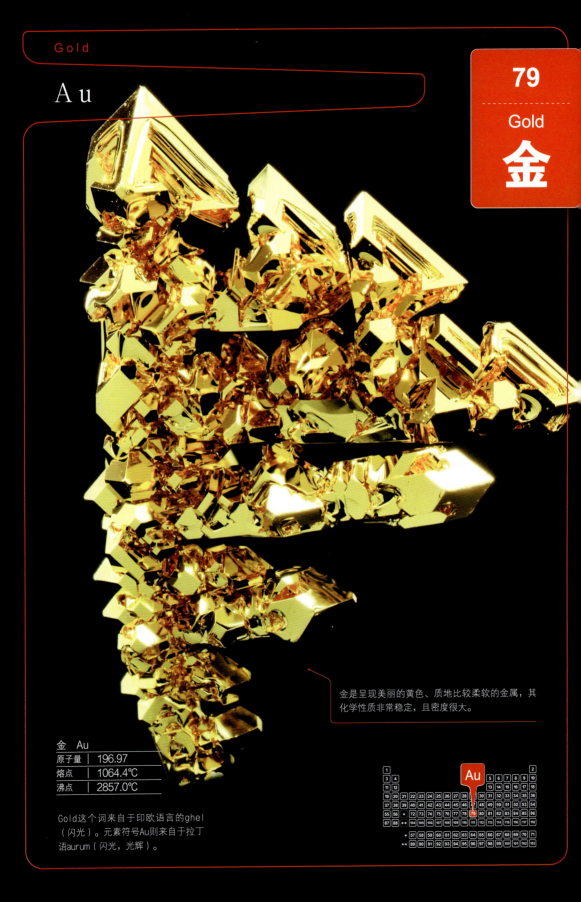

79
Gold
金

金是呈现美丽的黄色、质地比较柔软的金属,其化学性质非常稳定,且密度很大。

金	Au
原子量	196.97
熔点	1064.4℃
沸点	2857.0℃

Gold这个词来自于印欧语言的ghel（闪光）。元素符号Au则来自于拉丁语aurum（闪光，光辉）。

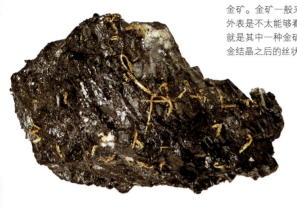

金矿。金矿一般来说每吨含有10g左右的黄金,但从矿石外表是不太能够看出黄金的存在的。照片中为大家展示的就是其中一种金矿,它原本是锌矿石,但可以看到一些黄金结晶之后的丝状物。

人类最爱的装饰品之一

就如其汉字一样,金是带有美丽光泽的金属。人类自古以来就特别喜欢黄金。沙金、金矿等的开采历史已经非常悠久了。

在世界上,黄金一直作为货币和装饰品在使用。其密度高,质地比较柔软,具有惊人的延展性,1g黄金可以压制打薄到两个日式榻榻米的面积。

金的化学性质很稳定,其与铂一样,都非常难以成为离子。要想溶解黄金,只有采用王水。由于其极强的抗腐蚀性、长久的光泽、加工的简便、产量稀少等特点,金自古以来就是货币、装饰品的首要选择之一。一般来说,金币中都加入了10%左右的铜。

金的抗腐蚀性很强,导热和导电能力也很优秀,可以用作电子元件、连接器、电路板等的镀金原材料,也可以用作假牙(义齿)的制作等。

金箔就是数百个金原子排列在一起的形式,在光线下可能会呈现出绿色,这是因为吸收了比绿色的波长更短的光,然后将波长较长的光反射了出去。由于其会反射波长较长的红外线,所

沙金。金是密度很高且化学性质很稳定的金属,在含有金的岩石风化之后,就只剩下金矿了,往往会沉积在河床上。这就是沙金。

以,在人造卫星的外面使用的隔热材料中就铺垫了一层金箔。

"都市矿山"中开采出来的金矿

数码相机、电视、手机等电子产品在用旧了之后就会被丢弃掉,不过,这些废旧的电器中却含有许多的稀有金属。这样回收再利用的资源就称之为"都市矿山"。

中国是电子消费大国,2013年,中国废弃电子产品拆解量达到4149.9万台,对比存量规模,拆解回收的处理率不高,很多电子产品被粗暴处理或简单遗弃,其中就含锂、钛、黄金等稀贵金属。以1吨废线路板为例,可提取400克黄金、200千克铜及700千克聚酯,利用率达99%。

CPU终端。金具有很强的导电性,且化学性质稳定,不容易出现故障,所以常常用在电子产品的镀金材料中。计算机的中央处理器(CPU)就基本都是镀金的。照片中为大家展示的就是奔腾CPU针角的放大图。

Mercury

Hg

80

Mercury

汞

汞（水银）是常温下保持液态的金属。其表面张力很大，即使是放一个硬币上去也不会下沉。水银的抗氧化能力很强，具有美丽的光泽。液态的水银很容易蒸发为水银蒸气，水银蒸气有剧毒，要引起注意！

汞	Hg
原子量	200.59
熔点	-38.8℃
沸点	356.6℃

Mercury这个词来自于罗马神话中的商业之神Mercurius。元素符号的Hg来自于拉丁语的hydrargyrum（水一样的银子）。

荧光灯。在荧光灯中就密封了低压的水银蒸气,放电之后,水银原子就会放射出紫外线,然后当其照射到灯管的内侧之后就会让荧光物质发出可视光。

常温下唯一一个保持液态的金属

汞是银色的金属,在金属中,只有汞在常温下会保持液态。由于其状态看起来像水一样,因此自古以来就称之为水银。汞的表面张力很大,如果撒开来就会像叶子上的露珠一样变成一滴滴的圆球状。

与其他金属一同构造成软合金

金、银、铜、锌、镉、铅等金属可以熔化成质地柔软的胶状的合金。而这种合金加热之后生成的汞会气化,利用这个特性,就可以精炼金属或者电镀。在牙科治疗的时候也常常使用这个软合金。不过,由于其颜色为银灰色,比较显眼,而且,汞也有可能跑出来,所以这种软合金在牙科上的使用变少了,取而代之的是具有很强的黏着性的合成树脂。

在日本奈良的东大寺有一尊大佛,在修建之初(752年),大佛的全身是璀璨的金光闪闪的。而当时大佛的镀金方法就使用的是这种软合金,首先,将金溶解到汞里,然后将其铺洒在大佛的表面,之后,再通过加热的方法让汞挥发,最后就得到了镀金的表面。

印泥。盖章的时候使用的印泥就是硫化汞,硫化汞的水溶性很弱,几乎没有毒性,自古以来就作为颜料在使用。

红汞。红汞即红药水以前曾用作外用杀菌药,是一种有机的汞化合物。不过,现在在制作和应用上都越来越少见了。

荧光灯中加入汞蒸气

在荧光灯、汞灯中密封汞蒸气之后就可以将其用作发光体了。在荧光灯灯管中,使荧光灯两端的灯丝之间放电,那么其间的汞就会释放出紫外线,当这些紫外线照射到灯管内部的荧光物质上之后,这些物质就会发散出可视光。根据荧光物质的不同,发出的光线色彩也不尽一样。因此,荧光灯可以制造出各种不同的色彩。而汞灯中放电之后,产生光亮的还是汞蒸气。在日本的大街小巷、体育场馆中使用到的照明设施很多都是汞灯。近些年,汞灯正在慢慢地被钠灯所取代。

用于制造温度计

由于汞在受热之后会膨胀,所以利用这个特性制造出了温度计、体温计等。而且,汞还有一定的杀菌效果,其化合物在医疗上也有使用。由于汞廉价且具有许多的特性,所以在以前使用的范围非常广泛。不过20世纪50年代,在日本发生了水俣病,这就是因为有机汞被人体吸收之后造成的,所以,从那以后汞的使用就慢慢变少了。

Thallium

Tl

81

Thallium

铊

铊的密度与铅差不太大，在氧气的作用下比较容易发生化学反应。

铊 Tl	
原子量	204.38
熔点	303.5℃
沸点	1473.0℃

Thallium这个词来自于希腊语的thallos（新绿的树枝），在发现的时候通过光谱分析，看到了铊的绿色未知光谱。

著名的有毒元素之一

铊是银白色的、质地柔软的金属。其与汞的合金在-58℃也可以保持液态（汞在-38℃可以保持液态），因此其制造的温度计在寒冷地区仍然可以使用。

铊的化合物都有一定的毒性，硫酸铊曾经作为杀虫剂、杀鼠剂来使用。铊的化合物都是无臭无味的，对人体有害，都是做为毒药来使用。

人体如果出现铊中毒，就会开始毛发脱落。所以，以前也有人曾经使用铊来作为脱毛的药剂。在阿加莎的推理小说中就出现过铊，是检测起来很容易的一种毒药。

硫酸铊、醋酸铊、硝酸铊都是著名的"毒药以及有害物质"。根据中国《危险化学品安全管理条例》的相关规定，这些化合物的使用和管理都受到了严格的限制。

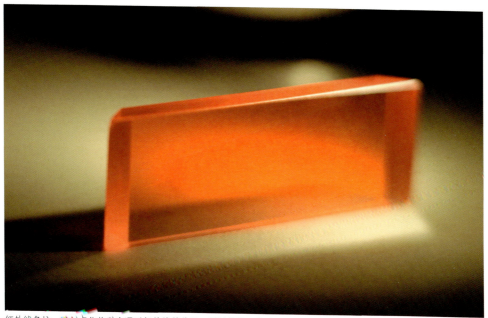

红外线角柱。铊的卤化物具有通过红外线的作用，所以常常用作测量红外线反射光谱的角柱。其有毒，使用的时候要多加小心。

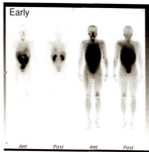

肿瘤射线图。铊的某些性质与钾类似，而如果将具有放射性的铊服入身体就可以进行放射性检查。照片中为大家展示的就是患有骨癌的患者的身体射线图。可以从中看出，患者的左膝上有肿瘤。

电解铊。铊可以通过电解精炼铜铅锌矿的时候沉淀下来，将这种沉淀物回收起来，然后再进一步电解精炼就可以得到纯度很高的铊。照片中为大家展示的就是电解的时候生成的铊的树状结晶。

Lead

Pb

82
Lead
铅

照片中为大家展示的是电解时生成的树状铅结晶。铅的表面是美丽的银色，在氧化之后就会变成灰色。铅是质地非常柔软的金属。

铅	Pb
原子量	207.2
熔点	327.5℃
沸点	1750.0℃

Lead这个词来自于盎格鲁撒克逊语的铅。元素符号Pb则来自于拉丁语的plumbum（铅）。

自古以来就经常使用的金属

铅是银白色的金属，生锈之后表面会出现一层灰色，这种色彩又被称作"铅色"。

铅是人类自古以来就经常使用的金属之一，在大约5000年前就已经出现了铅的工艺品了。根据出土的罗马遗迹我们发现，那个时候人们就已经开始使用铅制的下水道了。

铅具有很多特性，例如熔点低、在常温下质地柔软、加工容易、从矿石中容易提炼出来、造价便宜等。所以，自古以来人类就大量地使用铅。

此外，铅还具有其他性质，例如：生锈之后会变黑、表面氧化膜出现之后就会阻止内部进一步氧化、在水中不容易生锈等。

铅的密度很高，在10℃的温度下是11.4g/cm³，如果浇铸成铅块就会很重。

Bi

83
Bismuth
铋

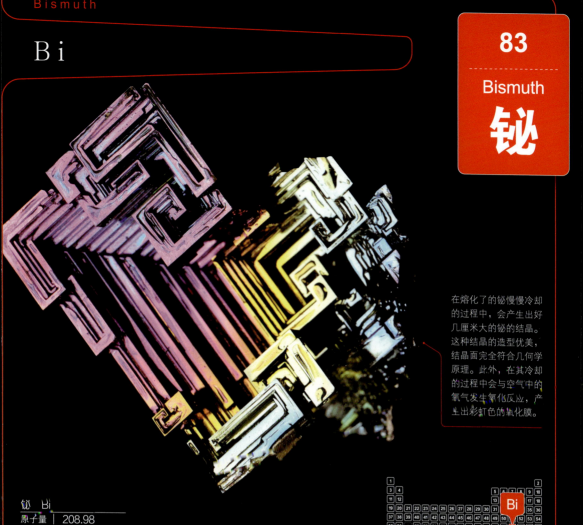

在熔化了的铋慢慢冷却的过程中，会产生出好几厘米大的铋的结晶。这种结晶的造型优美，结晶面完全符合几何学原理。此外，在其冷却的过程中会与空气中的氧气发生氧化反应，产生出彩虹色的氧化膜。

铋 Bi	
原子量	208.98
熔点	271.4°C
沸点	1561.0°C

Bismuth这个词来自于阿拉伯语的"容易熔化的金属"的意思。

使用在低熔点合金中

铋是带有一丝红色的银白色金属，质地柔软。其表面覆盖了氧化膜之后就会展现出非常美丽的彩虹色彩。

铋与其他金属的合金的熔点，往往比金属单质本身的熔点要低，所以利用这个特性就出现了不含铅的铋合金、低熔点的合金等等。而铋的化学性质与铅很接近（高密度、低熔点、质地柔软），并且没有毒性，因此也用在散弹、鱼钩的制作上，或者是在制作玻璃的时候作为铅的替代材料来使用。

伍德合金（参见第101页）的熔点也很低，其成分中50%是铋，然后24%的铅，14%的锡和12%的镉，其熔点大约为70°C。在70°C左右的水中加入铋，它就会熔化成液态。防火用的自动喷水器，其喷口是采用合金密封了的。当火灾发生的时候，温度一旦超过了70°C，那么喷口就会熔化掉，水就会喷洒出来。

Polonium

Po

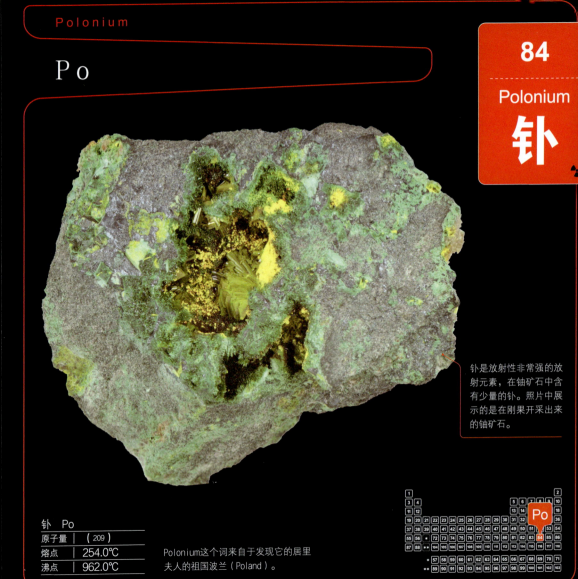

84
Polonium
钋

钋是放射性非常强的放射元素，在铀矿石中含有少量的钋。照片中展示的是在刚果开采出来的铀矿石。

钋 Po	
原子量	（209）
熔点	254.0℃
沸点	962.0℃

Polonium这个词来自于发现它的居里夫人的祖国波兰（Poland）。

因放射性而出名

钋是具有很强挥发性的放射性金属。在铀矿石中存在少量的钋（1kg铀矿石中大概有0.07mcg左右的钋）。钋在自然界中大多以钋-210的形式存在，它的放射性是铀的100亿倍，释放出阿尔法射线，半衰期是138.4天。

2006年11月，英国已故的前俄罗斯情报局人员亚历山大·利特维年科突然去世。在其体内就发现了大量的钋-210，而正是由于钋-210的放射性导致了他的死亡。从此以后，钋-210的放射性和毒性在全世界更有名了。

钋在土壤中大多数时候是聚集在烟草叶中的，吸烟或者吸二手烟都会受到影响，从而可能诱发癌症。钋是α射线或者核电池的原材料之一。

At

砹是具有放射性的卤素，其寿命较短，还有许多性质没有得到充分的研究。在铀矿石中含有非常少的一部分。照片中为大家展现的是钾与铀的氧化物形成的矿石。

85
Astatine
砹

砹 At	
原子量	（210）
熔点	302.0℃
沸点	337.0℃

Astatine这个词来自于希腊语的"否定"的意思的a，加上statos是"安定"的意思，因此，其反义就成为了"不安定"。

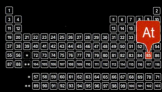

自然界中存在量最小的元素

砹具有一定的升华性、水溶性。它是放射性元素，半衰期很短（例如砹-210的半衰期是8.1小时，砹213的半衰期是0.125微秒）。

由于砹的寿命很短，所以其化学性质和物理性质都还有许多不太清楚的地方。

砹在铀进行反应的时候会产生非常微量的同位素，由于其非常不稳定，所以它与钫（原子序号87，参见第143页）一样，在全世界范围内也只有25g左右，在自然界中，砹是存在量最小的元素。

Rn

86 Radon 氡

在岩石中含有的少量铀和钍在发生变化之后会释放出部分的氡气。氡气会溶解到地下水中,最终上升到大气层中。

氡	Rn
原子量	(222)
熔点	−71.0°C
沸点	−61.8°C

Radon这个词的意思是从镭中产生出来(RADiumemanatiON)。

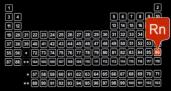

著名的氡气温泉(镭温泉)

氡气属于稀有气体,它是最重的气体,密度在0°C下为0.00973g/cm³,是空气密度的8倍多。

氡气具有放射性,其半衰期较短,例如氡-222的半衰期是3.8天。而氡是在镭核裂变之后产生的。

含有氡较多的温泉又被称之为镭温泉。特别是在日本鸟取县的三朝温泉和秋田县的玉川温泉等,据说都具有治疗癌症的效果,但是,这个效果并没有得到科学的验证。而自然界中带有放射性的氡气在较低的浓度下也可能诱发肺癌,所以在屋内如果有氡气,那就一定要多加小心。

即使是氡的浓度较高的温泉,如果每天使用2个小时,连续使用1年,那我们受到的核辐射也就不过0.8mSv。而人类受到核辐射要控制在1mSv以内,这个数值并没有超过,因此不需要特别担心因此受到的辐射。

Francium

Fr

87
Francium
钫

钫是铀-235核裂变之后产生的，在铀矿石中的含量极少。其寿命较短，不太容易提取出来。照片中为大家展示的是产自刚果的矿石。

钫 Fr	
原子量	(223)
熔点	27.0℃
沸点	677.0℃

Francium这个词来自于法国的名字Francaise，因为钫发现于法国的居里研究所。

铀矿山的隧道。钫在铀矿石中有非常微量的存在。铀本身在地壳中的量就很少但是其分布比较广泛。照片中为大家展示的是日本岐阜县的铀矿山的地下通道（现在已经掩埋了）。

自然界中存在量最小的放射性元素

钫的同位素的半衰期都非常短，是寿命很短的元素。它与砹（原子序号85，参见第141页）一样，在全世界的存在量也就只有25g左右，是自然界存在量最小的放射性元素。

钫是在巴黎的居里研究所由女科学家玛格丽特发现的，因此用法国的名称来命名了这个元素。在核化学、核物理的研究初期，世界上出现了好几位具有独创研究方法的女科学家。

这是自然界中发现的最后的放射性元素，一般只用作研究使用。

Ra

88
Radium
镭

照片中为大家展示的是当时由居里夫妇第一次提炼出的纯的镭的原材料，产自捷克的沥青铀矿。其中含有不纯的二氧化镭，具有很高的放射性。居里夫妇先将这种矿石在酸中溶解，然后通过好几百次的分离，类似分离钡一般的方式得到了纯的镭化合物。

镭	Ra
原子量	（226）
熔点	700.0℃
沸点	1140.0℃

Radium这个词来自于拉丁语的radius（放射）。

居里夫妇发现的放射性元素

居里夫人从铀矿石中发现了镭和钋。镭发出的辐射会对人体的细胞产生影响，人们在镭发现之初就已经知道了。

第一次发现辐射的贝克勒尔曾经在自己的裤兜里放了非常少量的镭，结果没想到很快皮肤就被烧伤了（镭辐射皮肤炎）。

居里夫妇经过常年的研究，从铀矿石中残留下来的渣质中提炼出镭，但是在这个长期的工作过程中，他们受到了核辐射，最终引发了白血病并因此去世了。

不过，之前也用过镭来作为医疗用品，通过将其射线投射到癌细胞的位置上来消除癌细胞。但是，现在使用的放射治疗的方式已经没有使用镭了，取而代之的是人工合成的放射源钴-60等。

Ac

Actinium

锕在自然界的铀矿石或者钍矿石中会有微量的存在，其具有非常强的放射性。照片中为大家展示的是刚果出产的铀矿石，其中含有少许锕。

锕	Ac
原子量	（227）
熔点	1050.0℃
沸点	3200.0℃

Actinium这个词来自于希腊语的aktis（放射线、光线）。

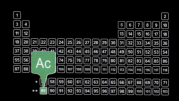

锕系元素的前锋

　　锕是银白色的金属。是锕系元素（从锕到铹的15个元素）的前锋。锕系元素都具有很强的放射性，而一直到原子序号为92的铀都在自然界中存在。从93号的镎开始到103号的铹的寿命都非常短，只有通过人工的方式合成。

　　居里夫妇在发现了镭和钋的时候，曾经将沥青铀矿中包含的放射性元素都分离出来。而1吨沥青铀矿中只含有0.2mg的锕。锕具有极强的放射性，因此，单质锕在黑暗的地方也会发出亮光。

　　锕存在于铀矿石中，不过量非常少，分离和精炼都十分困难。目前还只用作研究使用。

145

Thorium

Th

90

Thorium

钍

照片中为大家展示的是钍的酸氧化物矿石（黑色）。由于其具有很强的放射性，所以其周围的长石也变成了红色。

钍 Th	
原子量	232.04
熔点	1750.0℃
沸点	4789.0℃

Thorium这个词来自于thorite，因此是从这里面发现的。而thorite这个词又来自于北欧神话中的Thor（雷神）。

锕系元素中存在量最大的元素

钍是质地柔软的银白色金属，其同位素有25种，每种都具有放射性。钍存在于一些矿石中，是锕系元素中在地壳中的存在量最大的元素（大概是铀的3倍）。

二氧化钍的熔点是3390℃，具有很强的耐热性，所以可以用来制作成特殊材料或者瓦斯灯的外层。

在煤气罩中使用钍盐的时候，会释放出亮度很高的白色光线，利用这个特性的情况很多。不过，钍是放射性元素，现在使用得越来越少了。

在金属焊接的时候有的时候会使用到氧化钍和钨的混合物（钍钨化合物）。

146

Pa

91
Protactinium
镤

照片中为大家展示的是镤矿物（橙色）。镤在天然的铀矿石中有非常微量的存在，目前还没有特别的用途。

镤 Pa	
原子量	231.04
熔点	1575.0℃
沸点	3900.0℃

Protactinium这个词来自两部分意思，一是其可以构成锕Actinium，二是其为锕的原型prot。

沥青铀矿。镤最早是英国科学家索迪从沥青铀矿（不纯的二氧化铀化合物）中发现的。沥青铀矿又称之为铀矿，是铀的最原始的矿物形式（地壳中首先产生出来的矿石）。

分离和精制都极其困难

　　镤是银白色的金属。其同位素有20种，全部都具有放射性。在铀矿石中有微量的存在，不过其与许多元素混杂在一起，分离和精制都非常困难。在核反应堆中出现了核裂变之后可以产生出镤。目前还只是研究用。

147

Uranium

U

92
Uranium
铀

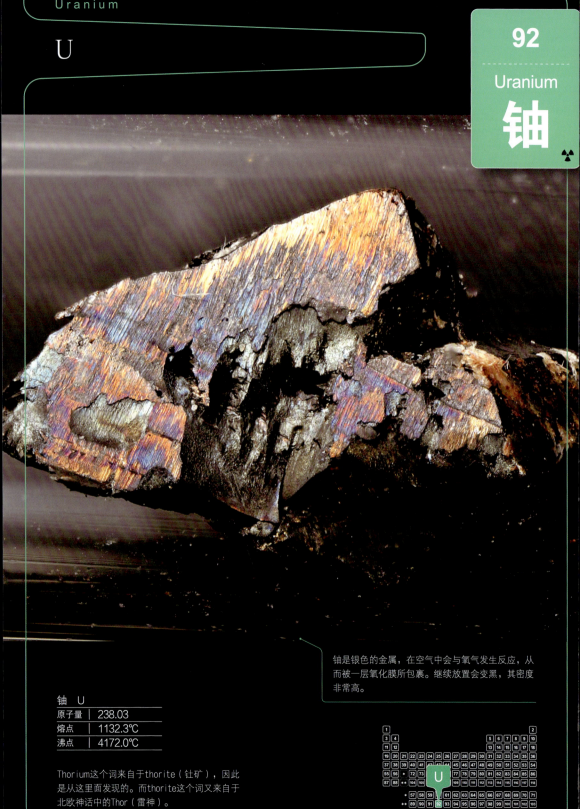

铀是银色的金属，在空气中会与氧气发生反应，从而被一层氧化膜所包裹。继续放置会变黑，其密度非常高。

铀	U
原子量	238.03
熔点	1132.3℃
沸点	4172.0℃

Thorium这个词来自于thorite（钍矿），因此是从这里面发现的。而thorite这个词又来自于北欧神话中的Thor（雷神）。

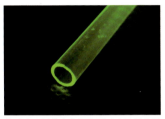

铀玻璃。铀化合物添加到玻璃里就会呈现出黄绿色。在紫外线的照射下会呈现出美丽的荧光,辐射量很小。

最早发现的放射性元素

  铀是银白色的金属,在自然界中的存在量较大,是原子序号最大的天然元素,也是人类最早发现的放射性元素。大多数是以铀-238(99.2742%)的方式存在,半衰期是44.68亿年。贝克勒尔将遮光的照片版放置到铀矿石的附近出现了感光的现象,从而发现了其放射性的特质。

  居里夫妇从铀矿石中提炼出了镭和钋,进一步验证了自然界中放射性裂变的现象。

核燃料是铀-235,仅占铀的0.71%

  铀是核电站的重要核燃料,在自然界中,铀主要以三种同位素的方式存在。分别是铀-238(99.28%)、铀-235(0.71%)和铀-234(0.0054%)。它们会一边放出核辐射,一边通过核裂变转变为其他放射性同位素。

  铀-235的中子在受到照射之后会发生核裂变,然后会释放出超过化学反应大约100万倍的能量。核裂变的过程中,中子会继续引发其他铀元素的裂变,从而产生连锁反应(核裂变的连锁反应)。

  核裂变的时候,如果不对这个过程进行控制,那么所有的中子就可能在同一时刻一同发生裂变,这就是原子弹了(在广岛投下的原子弹的成分就是铀-235)。只要通过严格的控制就可以利用核裂变来发电,这就是核电站的原理。由于铀-235只占铀含量的0.71%,所以使用的时候必须要先将其浓缩。

钙铀云母是具有鲜艳黄色或绿色的矿物质。在紫外线的照射下,会发出中强荧光。

什么是放射性元素?

  所有的物质都是由原子构成的。以前,人们认为一个原子是不会转变为另一个原子的。

  可是,部分原子会一边发出辐射,一边转变为其他原子。而这些能放出放射线的就是"放射性元素"。一般来说,放射性元素都有好几个同位素,这些同位素就统称为"放射性核素"。

  例如,铀就有铀-234、铀-235、铀-238三种放射性核素。放射性核素的原子核在发出了放射线之后就会发生裂变,从而变成其他原子。而放射线的种类也很多,例如氦原子核放出的α射线,电子放出的β射线,波长焦端的电磁波γ射线等。放出α射线并转变为其他原子的过程就是α裂变,放出β射线并转变为其他原子的过程就是β裂变。不过,放出伽马射线的原子是不会转变成其他原子的。在核裂变之后就会变成相对稳定的元素(稳定同位素),然后就不再放出放射线了。

Neptunium

Np

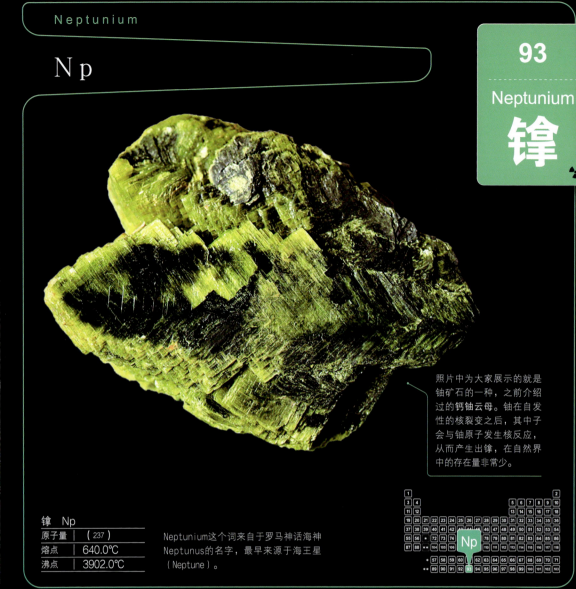

照片中为大家展示的就是铀矿石的一种，之前介绍过的**钙铀云母**。铀在自发性的核裂变之后，其中子会与铀原子发生核反应，从而产生出镎，在自然界中的存在量非常少。

93
Neptunium
镎

镎	Np
原子量	（237）
熔点	640.0°C
沸点	3902.0°C

Neptunium这个词来自于罗马神话海神Neptunus的名字，最早来源于海王星（Neptune）。

人形石。镎是铀在自发性的核裂变之后，铀中子与铀原子发生核反应，从而产生出来的。因此，其存在量非常少。在核电站中使用的核燃料的残渣里有较多的镎，通过分离就可以得到镎。照片中为大家展示的是在日本鸟取县与冈山县附近的铀矿床中发掘出来的"人形石"矿物质，具有很强的放射性。科学家们曾经尝试从这种人形石提炼出铀，但最后发现耗资过大而作罢。

超铀元素的前锋

镎是银白色的金属。从镎开始以后的元素都称之为超铀元素，而镎则是超铀元素的前锋。这个名字是从海王星的名字中由来的，而海王星仅次于天王星，铀的名字取自天王星。

150

Pu

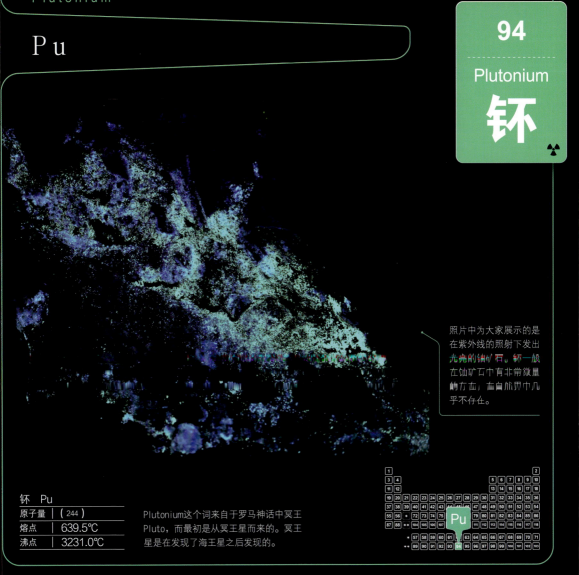

94

Plutonium

钚

照片中为大家展示的是在紫外线的照射下发出光亮的铀矿石。钚一般在铀矿石中有非常微量的存在，在自然界中几乎不存在。

钚	Pu
原子量	(244)
熔点	639.5℃
沸点	3231.0℃

Plutonium这个词来自于罗马神话中冥王Pluto，而最初是从冥王星而来的。冥王星是在发现了海王星之后发现的。

核武器和核燃料中使用的核物质

钚是银白色的金属。1940年第一次人工合成，此后一年半左右提取出了1mcg（一百万分之一克）的钚单质。在自然界中，钚存在量很小，一般在铀矿石中可以发现。

现在核武器中使用了许多的钚。为了制造核武器，需要大量地制造钚，因此需要使用核反应堆。在核反应堆中的中子容易被铀-238吸收而变成钚-239。由此得到的钚-239可以通过化学方式分离出来，因此更加适合使用在核武器上。

人造卫星中使用的核燃料、核燃料的废物等与钚混合之后可以在核反应堆中重新利用MOX燃料。在快速增殖反应堆中使用的核燃料的循环利用，其实就是为了重新利用钚。

151

Americium

A m

95
Americium
镅

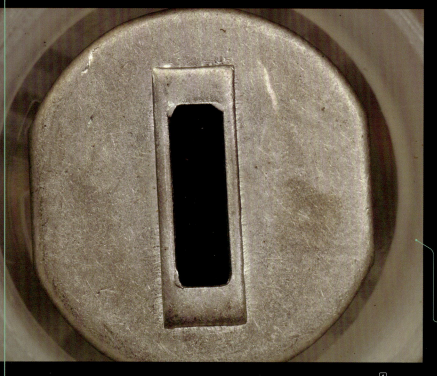

照片中为大家展示的是镅作为 α 射线发射源的烟雾感知器的接线处。只要烟雾产生了之后就会变成离子，然后发挥火灾报警器的作用。

镅	Am
原子量	(243)
熔点	1267.0℃
沸点	2607.0℃

Americium这个词来自于美国大陆，与欧洲大陆相对，也就是与镧系元素的铕的语源相对。

烟雾感知器

　　镅是银白色的金属。镅是钚-241的一个下属核素，而在核反应中，钚会大量的使用，因此，通过钚的核裂变而产生的新核素镅也会大量存在。一般是利用其放射性用在测量厚度的仪器上、楼房的烟雾感知器（只要烟雾产生了之后就会变成离子，然后发挥火灾报警器的作用）等。

　　带有镅的金属板在接触了烟雾之后，α 射线就会电离烟雾成分，由此得到离子，然后离子数会越来越多。之后，火灾报警器就会检测到由离子产生的电流，从而感知到烟雾的存在。

烟雾感知器。这种类型的烟雾感知器造价过高，一般不会在普通家庭使用。在美国，这种类型的烟雾感知器只在体育场馆等公共设施使用。α 射线的发射源的造价较高，所以在使用之后要按照相关规定回收。照片中为大家展示的就是产自美国的烟雾感知器的外观。

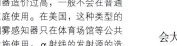

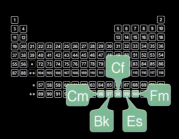

Curium

Cm

铜	Cm
原子量	(247)
熔点	1340.0℃
沸点	3110.0℃

96 Curium 锔

Curium这个词来自于居里夫妇（皮埃尔·居里和玛丽·居里）的名字。

锔是人工合成的元素，是银白色的金属。以前曾经考虑过要将锔用在核电池中，但是钚-238的使用范围更广，锔的使用还处在研究阶段。将α射线投射到钚上就会产生出锔。

Berkelium

Bk

锫	Bk
原子量	(247)
熔点	—
沸点	—

97 Berkelium 锫

Berkelium是美国加州大学的科研团队首先发现的，因此使用其所在城市伯克利来命名。

锫是人工合成的元素，是银白色的金属，目前还只是研究用。

Californium

Cf

锎	Cf
原子量	(251)
熔点	—
沸点	—

98 Californium 锎

Californium是美国加州大学的科研团队首先发现的，因此使用其所在地加州来命名。

锎是人工合成的元素，是银白色的金属，目前还只是研究用。

Einsteinium

Es

锿	Es
原子量	(252)
熔点	—
沸点	—

99 Einsteinium 锿

Einsteinium这个词来自于提出了相对论的物理学家爱因斯坦。

锿是人工合成的元素，是银白色的金属，目前还只是研究用。1952年，为了制造出核武器进行了氢弹试验，当时从实验场所发现了一堆废品中一同发现了镄与锿。

Fermium

Fm

镄	Fm
原子量	(257)
熔点	—
沸点	—

100 Fermium 镄

Fermium这个词来自于第一次人工转换了院子的科学家的名字。

镄是人工合成的元素，目前还只是研究用。

原子序号101及以后的元素都是通过加速器制造的人工元素。

Mendelevium

Md

钔 Md	
原子量	(258)
熔点	—
沸点	—

101 Mendelevium 钔

Mendelevium这个词来自于第一次做出了元素周期表的门捷列夫。

钔是人工合成的元素，目前还只是研究用。

Nobelium

No

锘 No	
原子量	(259)
熔点	—
沸点	—

102 Nobelium 锘

Nobelium这个词来自于炸药的发明者诺贝尔，为了纪念他专门设立了诺贝尔奖。

锘是人工合成的元素，目前还只是研究用。

Lawrencium

Lr

铹 Lr	
原子量	(262)
熔点	—
沸点	—

103 Lawrencium 铹

Lawrencium这个词来自于回旋加速器的发明者劳伦斯。

铹是人工合成的元素，目前还只是研究用。

Rutherfordium

Rf

𬬻 Rf	
原子量	(265)
熔点	—
沸点	—

104 Rutherfordium 𬬻

Rutherfordium这个词来自于发现了原子核的，被称之为核物理学之父的英国物理学家欧内斯特·卢瑟福。

𬬻是人工合成的元素，目前还只是研究用。

Dubnium

Db

𬭊 Db	
原子量	(268)
熔点	—
沸点	—

105 Dubnium 𬭊

Dubnium这个词来自于俄罗斯的核研究所的名称杜布纳。

𬭊是人工合成的元素，目前还只是研究用。

Seaborgium

Sg

𨭎 Sg	
原子量	(271)
熔点	—
沸点	—

106
Seaborgium
𨭎

Seaborgium这个词来自于美国的物理学家西博格，他通过加速器制造出了9种人工元素。1997年命名这个元素的时候，他是唯一一个还在世的时候就被用名字来命名元素的人。此后2年，他就去世了。

𨭎是人工合成的元素，目前还只是研究用。

Bohrium

Bh

𨨏 Bh	
原子量	(270)
熔点	—
沸点	—

107
Bohrium
𨨏

Bohrium这个词来自于奠定了量子力学基础的丹麦物理学家波尔。

𨨏是人工合成的元素，目前还只是研究用。

Hassium

Hs

𨭆 Hs	
原子量	(277)
熔点	—
沸点	—

108
Hassium
𨭆

Hassium这个词来自于1984年成功合成了重离子研究所所在的德国黑森州的拉丁语名称Hassia。

𨭆是人工合成的元素，目前还只是研究用。

Meitnerium

Mt

䥑 Mt	
原子量	(270)
熔点	—
沸点	—

109
Meitnerium
䥑

Meitnerium这个词来自于最初证明了铀的核裂变反应的女物理学家迈特纳的名字。

䥑是人工合成的元素，目前还只是研究用。

Darmstadtium

Ds

𫟼 Ds	
原子量	(281)
熔点	—
沸点	—

110
Darmstadtium
𫟼

Darmstadtium这个词来自于第一次人工合成了该元素的德国研究所所在地达姆斯塔特的名字。

𫟼是人工合成的元素，目前还只是研究用。

Roentgenium

Rg

𫟷 Rg	
原子量	(280)
熔点	—
沸点	—

111
Roentgenium
𫟷

Roentgenium这个词来自于发现了X光的德国物理学家伦琴的名字。

𫟷是人工合成的元素，目前还只是研究用。

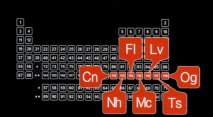

Copernicium

Cn

112
Copernicium
鎶

鎶	Cn
原子量	(285)
熔点	—
沸点	—

Copernicium这个词来自于提倡日心说的波兰天文学家哥白尼的名字。
鎶是人工合成的元素，目前还只是研究用。

Nihonium

Nh

113
Nihonium
鉨

鉨	Nh
原子量	(284)
熔点	—
沸点	—

2004年，日本物理化学研究所的线性加速器中创造出了这个元素。这也是亚洲科学家首次合成的新元素。鉨以日本国名（Nihon）命名为Nihonium。
鉨是人工合成的元素，目前还只是研究用。

Flerovium

Fl

114
Flerovium
鈇

鈇	Fl
原子量	(289)
熔点	—
沸点	—

Flerovium这个词来自于最先人工合成了这种元素的俄罗斯研究所的设立者格奥尔基·弗廖罗夫。
鈇是人工合成的元素，目前还只是研究用。

Moscovium

Mc

115
Moscovium
镆

镆	Mc
原子量	(288)
熔点	—
沸点	—

2004年，俄罗斯与美国的联合研究中，通过钙与镅的冲撞实验人工合成了该元素。Moscovium以莫斯科的英文名拼写为开头。
镆是人工合成的元素，目前还只是研究用。

Livermorium

Lv

116
Livermorium
鉝

鉝	Lv
原子量	(293)
熔点	—
沸点	—

Livermorium这个词来自于美国研究所所在地利弗莫尔的名称。
鉝是人工合成的元素，目前还只是研究用。

Tennessee

Ts

117
Tennessee
鿬

鿬	Ts
原子量	(294)
熔点	—
沸点	—

117号化学元素命名为"Tennessee"，以表彰位于田纳西州的橡树岭国家实验室、范德堡大学和田纳西大学在该元素发现中作出的贡献。
鿬作为一种超重元素在自然界中并不存在，是科学家们通过钙-48原子轰击同位素锫-249人工合成的。

Oganesson

Og

118
Oganesson
鿫

鿫	Og
原子量	(294)
熔点	—
沸点	—

鿫是由美国劳伦斯利弗莫尔国家实验室和俄罗斯的科学家联合合成，为向超重元素合成先驱者、俄罗斯物理学家尤里·奥加涅相致敬，研究人员将第118号元素命名为Oganesson。
鿫是一种人工合成的化学元素，预计化学性质很不活泼，可能属于稀有气体一类。它是人类合成的最重元素。

专 栏

与我们的生活息息相关的物质

大家都听说过"有机物"和"无机物"这两个词吧。这里都提到了"机",那么这个"机"到底指代的什么意思呢?其实,"机"是"生命力"的意思。

以前的人认为,有机物就是"通过生物生命活动创造出来的物质",是"人类无法创造的物质"。

此后,有机物的结构慢慢地明朗了起来,一些原本认为人工没有办法制造的物质也通过实验室和工厂等大量地制造了出来。

既然如此,那么"有机物"和"无机物"就不能通过是否有"生命活动"来区分了。我们需要一个新的概念。

现在,有机物指的是"以碳元素为基础,还包含了氧元素、氢元素等的物质"。有机物燃烧之后一定会得到碳元素,燃烧的过程中会产生二氧化碳,这也是因为有机物中含有碳元素的原因。

碳元素、氧元素、氢元素都是非金属元素。现在,全世界有5000多万种物质,而它们中的大部分都是有机物。也就是说,在100多个元素中,只有16个非金属元素,但是它们却构成了世界上的大部分物质。

当然,其中有许多有机物是在自然界中不存在的。例如衣服里的化学纤维、各式各样的塑料等等。但这并不影响有机物对于人类生活的重要性。

有机物的组成元素种类是有限的,但是却给我们的生活提供了基本的支持,并丰富了我们的生活。

我们将走向"制造元素"的时代

意大利裔的美国物理学家埃米利奥·吉诺·塞格雷通过加州大学的加速器,在氢元素的原子核中加入中子,然后将氘轰击钼。他认为,钼本来有42个质子,如果再让他增加一个质子,那就可以让其质子数变成43,从而成为原子序号43的未知物质。

终于,在1937年,他制造出了一个自己长时间研究都没有发现的元素。这就是原子序号为43的元素,也是人工制造出的第一个元素,这个元素被命名为"锝"。之后,科学家们通过加速器还创造出了许多其他元素。

比钷(原子序号为61)、铀(原子序号为92)等原子序号更大的元素在自然界中几乎不存在。α粒子、质子、氘(氢元素的同位素,质量数为2)、中子等粒子通过互相冲撞就打造出了新的人工元素,而这些元素都具有放射性。

现在我们已经从"发现元素"的时代进入到了"制造元素"的时代了。

新元素在得到了国际纯粹与应用化学联合会(IUPAC)的认证之后,就可以以发现者的名字来命名。

2010年,第112号元素鿔就是以哥白尼的名字来命名的。而114号元素和116号元素在2012年也得到了IUPAC的承认。

2015年12月30日,国际纯粹与应用化学联合会(IUPAC)宣布第113号、115号、117号、118号元素存在,它们将分别由日本、俄罗斯和美国科学家命名。2016年6月8日,国际纯粹与应用化学联合会宣布,将合成化学元素第113号(Nh)、115号(Mc)、117号(Ts)和118号(Og)提名为化学新元素。

结束语

现在,地球上有好几千万种不同的物质。
这些物质(目前还不清楚具体结构的暗能量和暗物质除外),
包括宇宙中无数的物质,
都是由区区的90多种元素构成的。
元素现在已经被发现和制造了118种了,
但自然界中存在的,却只有93种。

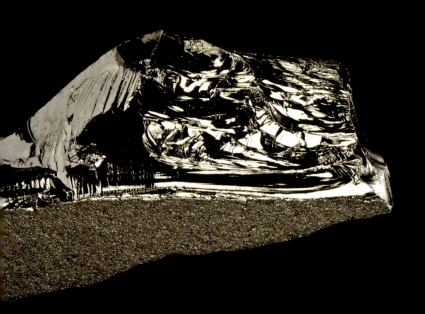

镁
Mg

剩下的都是科学家们人工制造出来的。
元素的不同组合、不同结构，
都可能形成成千上万种物质。
而组成了这些物质的元素又有着各自的特征。

让我们一起伴随着"元素周期表"这张元素地图，
一同去探访元素的美妙世界吧！

左卷健男、田中陵二

钽
Ta

镓
Ga

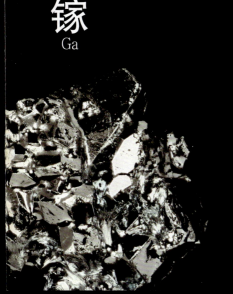

钡
Ba

YOKUWAKARU GENSO ZUKAN
Copyright © 2012 by Takeo SAMAKI and Ryoji TANAKA
First published in Japan in 2012 by PHP Institute, Inc.
Simplified Chinese translation rights arranged with PHP Institute, Inc.
Through Nippon Shuppan Hanbai Inc.

本书由日本株式会社PHP研究所授权北京书中缘图书有限公司出品并由煤炭工业出版社在中国范围内独家出版本书中文简体字版本。

著作权合同登记号：01-2015-4230

图书在版编目（CIP）数据

奇妙的化学元素：全彩图鉴/（日）左卷健男，（日）田中陵二著；吴宣劭译. --北京：煤炭工业出版社，2015（2022.10重印）

ISBN 978-7-5020-4917-1

Ⅰ.①奇… Ⅱ.①左…②田…③吴… Ⅲ.①化学元素 - 图谱 Ⅳ.①O611-64

中国版本图书馆CIP数据核字(2015)第170888号

奇妙的化学元素
　　全彩图鉴

著　　者	（日）左卷健男　（日）田中陵二
译　者	吴宣劭
策划制作	北京书锦缘咨询有限公司
总策划	陈 庆
策　划	肖文静
责任编辑	刘新建
特约编辑	郑 光　荣 伟
责任校对	杨 洋
设计制作	柯秀翠

出版发行　煤炭工业出版社（北京市朝阳区芍药居35号　100029）
电　　话　010-84657898（总编室）
　　　　　010-64018321（发行部）　010-84657880（读者服务部）
电子信箱　cciph612@126.com
网　　址　www.cciph.com.cn
印　　刷　北京美图印务有限公司
经　　销　全国新华书店
开　　本　787mm×1092mm^1/$_{16}$　印张　10　字数　80千字
版　　次　2015年10月第1版　2022年10月第10次印刷
社内编号　7763　　　　　　　　定价　58.00元

版权所有　违者必究
本书如有缺页、倒页、脱页等质量问题，本社负责调换，电话：010-84657880